Das Buch

Woher haben Firmen und Produkte eigentlich ihre Namen? Wer hat denn schon von Carl Tchilling oder von Eduard Schopf gehört? So unbekannt uns diese Personen auch erscheinen mögen, so vertraut sind sie uns im Alltag – auch wenn wir es nicht wissen. Denn sie alle haben ihren Namen Gebrauchsgegenständen geliehen, die wir aus unserem Leben nicht mehr wegdenken wollen: Tchilling und Schopf revolutionierten den Kaffeeverkauf, indem sie die Bohnen mit der Post verschickten. Der eine schweißte die Anfangssilben von Vor- und Nachnamen zusammen und gründete Eduscho, der andere kappte den zweiten Teil des Namens und ersetzte ihn durch die ersten zwei Buchstaben des Wortes Bohnenkaffee – und Tchibo war geboren.

Diese und viele andere bemerkenswerte Anekdoten aus dem Bereich des nutzlosen Wissens hat Wolfgang Koydl in *Hauptsache Nebensache* zu einem unterhaltsamen Kuriositätenkabinett versammelt.

Der Autor

Wolfgang Koydl, 1952 geboren, ist seit vielen Jahren Auslandskorrespondent der *Süddeutschen Zeitung* mit Stationen in Kairo, Istanbul und London. Seit 2011 berichtet er aus der Schweiz und lebt mit seiner Frau und seiner Tochter bei Zürich.

Wolfgang Koydl

Hauptsache
Nebensache

Eine kurze Geschichte des nutzlosen Wissens

Ullstein

Besuchen Sie uns im Internet:
www.ullstein-taschenbuch.de

Originalausgabe im Ullstein Taschenbuch
1. Auflage Dezember 2011
© Ullstein Buchverlage GmbH, Berlin 2011
Umschlaggestaltung: semper smile, München
Titelabbildung: © semper smile, München
Satz: LVD GmbH, Berlin
Gesetzt aus der Excelsior
Papier: Pamo Super von Arctic Paper Mochenwangen GmbH
Druck und Bindearbeiten: CPI – Ebner & Spiegel, Ulm
Printed in Germany
ISBN 978-3-548-37355-3

Inhaltsverzeichnis

Vorwort:
Kraut und Rüben

Als ich ein kleiner Junge war, lebten wir in einem jener Mietshäuser, wie sie in wilhelminischer Zeit für das aufstrebende Bürgertum typisch waren. Diese Häuser besaßen meist die gleichen wiedererkennbaren Merkmale: eine Haustür, die sich von Größe und Gewicht her auch gut als Burgtor geeignet hätte und an der jeden Morgen ein Leinensäckchen mit warmen, duftenden Brötchen hing; eine geschwungene Treppe mit schmiedeeisernem Geländer und blankpolierten Stufen, die an genau bekannten Stellen knarrten und je nach Hausordnungstag mehr oder weniger stark nach Bohnerwachs rochen.

Viel wichtiger aber waren die beiden zusätzlichen Räume, zwei Außenstellen gewissermaßen, die jede Wohnung im Haus hatte: das Kellerabteil und der Dachboden. Aus dem Keller musste ich im Winter Kohlen und Briketts in den zweiten Stock hochschleppen – eine schmutzige, schwere und zuweilen leicht gruselige Arbeit. Denn im Halbdunkel dort unten konnte man nie sicher sein, wer oder was am Ende des Ganges lauern könnte.

Der Speicher aber war eine andere Welt. Auch er barg Geheimnisse, aber sie waren nicht unheimlich, sondern aufregend und immer überraschend. Wer sich nicht vor ein bisschen Taubendreck ekelte – und welcher Zehnjährige tut das schon –, der könnte ganze Nachmittage lang unter den modrigen Deckenbalken auf Entdeckungsreise und Schatzsuche gehen. Denn auf dem Dachboden wurde gelagert, was nicht mehr gebraucht, aber dennoch nicht weggeworfen wurde – sei es aus Nostalgie, Pietät oder schlicht Bequemlichkeit.

In Truhen, Koffern und Plastiksäcken ruhten Fotoalben und Briefe, Bücher und Klamotten, eine Kamera aus den Urzeiten der Schmalfilmtechnik, verstaubte Dia-Sammlungen, vergessene Spielsachen, ein paar Skier mit steinzeitlichen Bindungen – Tand und Trödel aus der eigenen Kindheit oder, was noch viel spannender war, aus jener grauen Vorzeit, da Mutter und Vater noch nicht Eltern waren und noch keinen Gedanken an Nachwuchs verschwendeten.

Gerade die Überbleibsel aus dieser Epoche waren besonders interessant, konnten sie doch vielleicht die Frage beantworten, ob meine Erzeuger irgendwann einmal auch echte Menschen aus Fleisch und Blut und nicht nur langweilige Eltern gewesen waren.

Wirklich aufregende Geheimnisse lüftete ich bei meinen Ausflügen auf den Speicher freilich nie. Die Erkenntnis, dass mein Vater, als es modern war, Knickerbocker trug oder dass meine Mutter in der Nachkriegszeit als Schauspielerin auf einer Laienbühne stand, war entweder erheiternd oder peinlich, aber nicht unbedingt relevant für mein Leben. Es änderte nichts an dem Bild, das ich von meiner Familie hatte, aber es bereicherte immerhin mein Wissen um ein paar belanglose Einzelheiten.

Nichts anderes wollen auch diese Seiten sein: ein Streifzug durch einen Speicher, auf dem Bekanntes neben Überraschendem, halb Vergessenes neben halb

Erinnertem lagert. Für einen konkreten Zweck, etwa bei der Suche nach einem Arbeits- oder Studienplatz, wird Ihnen dieses neugewonnene Wissen wahrscheinlich nichts nutzen. Es sei denn, ein Personalchef möchte wirklich dringend wissen, warum Karotten orange sind und der Himmel blau und weshalb die alten Griechen ein ernstes Problem mit diesen Farben hatten. Und ob man einen potentiellen Partner fürs Leben mit dem Wissen beeindruckt, dass eine durchwachte Nacht in einem wanzenverseuchten französischen Hotelzimmer der amerikanischen Automarke Chevrolet einen entscheidenden Marketingschub verliehen hat, dürfte ebenfalls eher fraglich sein.

»Useless knowledge« nennen Briten und Amerikaner derlei Kenntnisse – nutzloses Wissen, Lappalien, Nebensächlichkeiten. Doch gerade solches Wissen macht meist mehr Spaß und ist mitunter aufschlussreicher als all das Hauptwissen, das man in der Schule erworben hat. Dort erfuhr man beispielsweise, dass Rad und Feuer die beiden bahnbrechenden Entdeckungen der Menschheit gewesen seien. Da mag ja etwas dran sein, aber was ist mit dem Bindfaden? Dass man ohne Räder leben kann, haben die Mayas mit ihrer Hochkultur bewiesen, die zwar vollständig radlos, aber gleichwohl nicht ratlos war. Kann sich aber jemand ernsthaft ein Leben ohne Fäden, Schnüre und ihre modernen Nachkommen Kabel und Stahltrosse vorstellen? Nein. Und dennoch kennt niemand das Genie, das irgendwann und irgendwo zuerst auf den Gedanken kam, Pflanzenfasern zusammenzudröseln und zu verknoten.

Den Ursprüngen von Essen und Trinken will dieses Buch ebenso nachspüren wie der Welt der Götter, Farben und Klamotten. Wir werden erfahren, warum die Chinesen zwar das Schwarzpulver erfunden haben, aber nie auf das Rezept einer Schwarzwälder Kirschtorte hätten kommen können. Wir werden lernen, dass weder Kochtöpfe noch Seifenschaum oder Anzugstoff im Spiel sind, wenn ein ausgekochter Gauner einen betuchten Großkotz nach Strich und Faden einseift.

Bei unseren Streifzügen durch die Welt des Essens und des Trinkens, der Kleidung, der Sprache, der Religion und der Marken und Produkte werden wir zudem auf Menschen stoßen, von denen die wenigsten jemals gehört haben dürften. Und doch waren es viele dieser stillen Helden, die unser Leben wahrscheinlich nachhaltiger und meist positiver verändert haben als die üblichen Verdächtigen aus Politik, Wirtschaft und Wissenschaft. Niemand will Michail Gorbatschow, Bill Gates oder Albert Einstein ihre Plätze in der Geschichte streitig machen. Aber aus den Ideen einer Mary Anderson oder einer Ida Rosenthal, eines Frederic Tudor, Carl-Ludwig Nessler, Victor Gruen oder Otl Aicher ziehen Millionen von Menschen tagein, tagaus in allen Teilen des Globus ganz konkreten Nutzen.

Auf dieses weitgehend ungeordnete Sammelsurium überraschender, unbekannter, erstaunlicher, witziger und unerwarteter Informationen kann man auf zwei verschiedene Weisen reagieren. Mit einem wegwerfenden »Na und« oder mit einem erstaunten »Was, wirklich?« Ich würde mich natürlich freuen, wenn bei der Lektüre dieser Seiten möglichst viele erfreuliche Aha-Erlebnisse entstehen würden.

Ganz nutzlos sind die dabei gewonnenen Kenntnisse freilich nicht. Sie werden sich wundern, mit welch großen Augen ihre Freunde Sie betrachten werden, wenn Sie ihnen erklären können, ob der Campari, an dem Sie gerade nippen, wirklich aus roten Läusen gepresst wurde und warum man argumentieren könnte, dass alles Unheil der Welt mit jener geheimnisvollen ägyptischen Schönheit begann, deren Büste so verklärt friedlich im Neuen Museum von Berlin vor sich hin lächelt: Königin Nofretete.

Nur übertreiben sollte man es nicht. Es reicht, solche Perlen wohldosiert ins Gespräch zu streuen. Wer sie ohne Unterlass wie mit der Maschinenpistole verfeuert, würde allzu rasch in den Ruf eines langweilenden Besserwissers geraten. Oder eines Deutschen – was in den Augen vieler Nicht-Deutscher ohnehin ein und dasselbe ist. Der ungarische Journalist und Buchautor George Mikes beschrieb 1946 in seinem witzigen Buch über den Umgang der Briten mit Fremden, »How to Be an Alien«, eine einschlägige Szene: Zwei Briten kommen angeblich nicht auf den Namen einer Insel im Indischen Ozean. Sie reden ständig um die Sache herum, wobei sie auf subtile Weise ihre Kenntnisse verraten: 300 Meilen vor der afrikanischen Ostküste, oval geformt, vor Jahrtausenden von Menschen aus dem Pazifik bevölkert. Aber keine Ahnung, wie sie heißt. Da mischt sich eine penetrante Stimme mit dickem deutschem Akzent ein: »Heißt diese Insel nicht Madagaskar?« Worauf der erste Brite achselzuckend den zweiten ansieht und sagt: »Einmal ein Deutscher, immer ein Deutscher.«

Andererseits: Mit dieser Enzyklopädie kann Ihnen das nicht widerfahren. Denn langweilige Informationen werden Sie hier – hoffentlich – nicht finden. Stattdessen können Sie Ihre Freunde (auch die britischen) mit dem Hinweis beeindrucken, dass der Name dieser Insel auf einen Hörfehler Marco Polos zurückgeht, der von einem fabelhaft reichen Ort namens Madeigascar schwadronierte. Gemeint war aber Mogadischu – Tausende von Kilometern weiter nördlich und auf dem afrikanischen Festland.

Verflixt und zugenäht:
Modisches

Wenn von bahnbrechenden Entwicklungen der Menschheit aus vorgeschichtlicher Zeit die Rede ist, dann denkt man in erster Linie ans Feuermachen, die Erfindung des Rads oder von Steinwerkzeugen zum Hämmern, Schneiden und Sägen. Gut möglich, dass der Grund für diese Sichtweise die Tatsache ist, dass unsere Welt im Allgemeinen von Männern dominiert wird. All die genannten Erfindungen lassen sich bis heute in abgewandelter Form in einem Baumarkt kaufen, was zeigt, dass sie letztlich maskuliner Natur waren.

Dabei dürfte der Beitrag der Frau zur Menschheitsentwicklung genauso entscheidend gewesen sein, wenn nicht sogar noch wichtiger. Gut, ein Steinrad macht eindrucksvoll rumpelnde Geräusche, wenn man es einen Abhang hinabrollen lässt, und ein prasselndes Feuer kann abwechselnd einschüchternd und romantisch sein. Im Vergleich dazu nimmt sich ein Bindfaden geradezu lächerlich aus, nicht wahr? Aber andererseits: Was wäre die Welt ohne den Faden?

In der Tat: Ohne den Faden und seine dickeren Verwandten, die Schnur, das Seil oder das Tau, wäre unsere Welt nicht vorstellbar. Kaum ein Lebensbereich, der ohne Schnüre verschiedener Machart auskäme – von der Mikrochirurgie bis zur Konstruktion von

Staudämmen. Ganz zu schweigen von den Kabeln, die uns mit Strom und elektronischen Bytes versorgen. Schnüre, wohin man schaut. Noch nicht einmal ein Knopf ließe sich ohne einen Faden befestigen.

Natürlich wissen wir nicht, wer zum ersten Mal versonnen auf einem Stein saß und Pflanzenfasern zwischen den Fingern zusammenzwirbelte und dabei entdeckte, wie vielseitig man dieses Ding einsetzen könnte. Sicher scheint indes zu sein, dass es aller Wahrscheinlichkeit nach eher eine Frau als ein Mann gewesen ist. Schließlich waren die Frauen für das Sammeln von Früchten, Samen, Beeren und anderen Pflanzen zuständig, derweil Männer eher einen Faustkeil als einen Grashalm in der Hand hielten. Aber auch die Jäger dürften von den Vorzügen der Schnur rasch überzeugt gewesen sein. Aus Schnüren ließen sich Fallen herstellen, genauso wie Netze und Angeln. Außerdem war ein erlegtes Wildschwein leichter zu transportieren, wenn man ihm die losen Gliedmaßen am Leib festband. »Der Faden«, befand denn auch die angesehene amerikanische Anthropologin Elizabeth Wayland Barber mit nur geringer Übertreibung, »war die Waffe, die es der menschlichen Rasse erlaubte, die Erde zu erobern.«

Und später auch die Laufstege von Mailand, New York und Paris – sollte man der Vollständigkeit halber hinzufügen. Denn ohne Fäden gäbe es keine Kleidung, zumindest keine Klamotten, die sich am Körper befestigen ließen.

Dass der Mensch überhaupt gezwungen wurde, sich ein künstliches Fell zuzulegen, verdankte er einem anderen Quantensprung seiner Entwicklung: der Kontrolle über das Feuer. Die ersten Proto-Humanen, die sich um ein Lagerfeuer scharten, waren wohl noch ebenso stark behaart wie ihre nahen tierischen Verwandten. Die Flammen, die sie allabendlich entfachten, dienten zu dieser Zeit wohl eher dazu, sich Raubtiere vom Leib zu halten, und nicht als Schutz vor der Kälte. Denn so wie die meisten Säugetiere besaßen auch unsere Vorfahren die Fähigkeit, ihre Körpertemperatur ohne Zentralheizung, Steppdecken oder Wintermäntel zu kontrollieren. Sie legten ihre Haare entweder dicht an die Haut (im Winter), oder sie stellten sie luftig auf Durchzug, also senkrecht auf (im Sommer).

Am warmen Feuer aber geriet diese Gesetzmäßigkeit aus dem Gleichgewicht. Langsam, aber unaufhaltsam verloren die Menschen ihr Fell und damit auch den körpereigenen Thermostat. Am Ende stand der »nackte Affe«, dessen Pelzbewuchs sich auf ein paar wenige, wenn auch strategisch bedeutsame Körperpartien beschränkte. Die Natur beschleunigte diese Entwicklung des Haarausfalls, weil sie schnell erkannt hatte, dass sie sich als evolutionärer Vorteil erweisen würde.

Denn der unbehaarte Körper erlaubte es dem Menschen, ausdauernd über lange Strecken zu rennen, ohne einen Hitzeschock zu erleiden. Damit hatte er einen deutlichen Vorteil gegenüber anderen Tieren – seien sie potentielle Beute, Konkurrenten oder Feinde.

Die meisten Tiere sind zwar spurtstärker als der Mensch; dafür geht vielen von ihnen eher früher als später die Puste aus, weil sich ihre mit dickem Fell überzogenen Körper überhitzen. Wenn sie dann hechelnd und mit heraushängender Zunge schlappmachen, trabt der menschliche Jäger unverwandt weiter – mit der Ausdauer einer Energizer-Batterie.

Aber wann vollzog sich dieser Wandel vom behaarten zum nackten Affen? Nach Ansicht der meisten Wissenschaftler schon vor mehr als 300 000 Jahren. (Dass er bei manchen Männern bis zum heutigen Tag noch nicht vollständig abgeschlossen zu sein scheint, wie man am Strand oder im Freibad zuweilen beobachten kann, ist ein genetischer Sonderfall und keine Widerlegung der These.)

Stille Helden

Gustav Jäger (1832–1917)

Heute würde man ihn wahrscheinlich einen harmlosen Spinner nennen, einen leicht exzentrischen Sonderling. Aber zu seinen Lebzeiten fiel Gustav Jäger gar nicht besonders auf. Im 19. Jahrhundert herrschte kein Mangel an Männern, die ebenso umfassend gebildet, herzblutend philanthropisch und geradezu besessen waren von Ideen, wie sie die Welt retten oder wenigstens einen Teil der Menschheit verbessern könnten. Sie waren keine Außenseiter der Gesellschaft, sondern eher deren gravitätisch mit Bart und Bratenrock daherstolzierende Stützen.

Ein bisschen verkniffen wirkte auch der Herr Professor Jäger, studierter Zoologe und Mediziner der Universitäten Stuttgart und Tübingen, Hochschullehrer und hochangesehener Veterinär. Altmodisch war er nicht, sondern aufgeschlossen für alles Neue. Jäger war einer der ersten Wissenschaftler auf dem europä-

ischen Kontinent, die sich die Evolutionstheorien des britischen Forschers Charles Darwin zu eigen machten.

Zeit seines Lebens beschäftigte sich Jäger mit einer fixen Idee: der Feuchtigkeit. Genauer gesagt: deren Ansammlung im menschlichen Körper. Zu viel davon, so seine Überzeugung, war gesundheitsschädigend. Deshalb propagierte er im Freundes- und Bekanntenkreis sowie an seiner Hochschule unablässig das Tragen von leichter, luftdurchlässiger Kleidung, die eine Verdunstung dieser gefährlichen Körperflüssigkeit erlaubt. Für ihn kam dafür nur ein Stoff in Frage: Wolle. Pflanzenfasern hingegen, wie Leinen oder Baumwolle, lehnte Jäger kategorisch ab.

Peu à peu schaffte sich der Tiermediziner eine gewisse Anhängerschaft in Deutschland und im europäischen Ausland. Einer seiner frühesten und prominentesten Anhänger dieser sogenannten »Normalkleidung« war der Stuttgarter Unternehmer Robert Bosch.

Im Jahre 1880 hörte ein gewisser Lewis Tomalin in Großbritannien von Jägers Idee und setzte sie in die Tat um. In guter Londoner Lage eröffnete er ein Bekleidungsgeschäft, das ausschließlich Stücke aus Schurwolle führte. Wie ernst es Tomalin meinte, lässt sich an der Tatsache ablesen, dass er seinen Laden nicht als kommerzielle, sondern als philanthropische Unternehmung betrachtete und er selbst mit – buchstäblich – glühendem Beispiel voranging: Mit eigener Hand verbrannte er alle Leinenkleider seiner Familie.

Bei so viel Einsatz konnte Jäger nicht umhin, dem

eifrigen Jünger in Britannien die Erlaubnis zu geben, das Geschäft unter seinem Namen laufen zu lassen. »Dr. Jaeger's Sanitary Woollen System« (Dr. Jaegers sanitäres Wollsystem) wurde trotz des eher abschreckenden Namens zu einem Renner, vor allem, nachdem sich zwei literarische Giganten dafür stark gemacht hatten: Oscar Wilde schrieb einen lobenden Werbeartikel in der »Times«, und George Bernard Shaw erregte öffentliches Aufsehen, als er in einem braunen gestrickten Jaeger-Anzug durch London flanierte. Mit seinem weißen Rauschebart ähnelte er, wie Augenzeugen berichteten, einem Waldschrat.

Auf dem Rücken des britischen Empire trat der Name Jaeger also – ohne Zutun des deutschen Zoologen – seinen Siegeszug um die Welt an. Sogar der amerikanische Abenteurer Henry Stanley trug atmungsaktive Schurwolle, als er im dunklen Herzen Afrikas nach dem verschollenen Forscher David Livingstone suchte. Jaeger Couture gelangte schließlich bis an die Enden der Welt: Der Norweger Fridtjof Nansen trug sie am Nordpol, der Brite Robert Scott auf dem Weg zum Südpol. Nicht überliefert ist, ob die beiden Polarforscher mit den fünffingrigen Socken ausgestattet waren, die Tomalin erfunden hatte.

In Deutschland erlahmte nach dem Ersten Weltkrieg die Begeisterung für Jägers wollene Normalkleidung, derweil sie in Großbritannien scharf anzog. Dort gilt Jaeger inzwischen als klassisch britisches Konfektionsgeschäft, oft in einem Atemzug genannt mit Burberry oder Pringle. Insgesamt 90 Läden betreibt Jaeger weltweit, das Flaggschiff befindet sich in der Londoner

Regent Street. Und natürlich ist es noch immer haupt-
sächlich Schurwolle, aus der die Röcke, Mäntel und
Anzüge geschneidert sind.

Doch der Mensch musste einen Preis entrichten für seine unbehaarte sportliche Fitness: Er brauchte Kleider. Die ersten Klamotten bestanden aus abgelegtem Secondhand-Fummel von Bär, Büffel oder Löwe, wobei abgelegt wohl nicht der richtige Ausdruck ist, da sie sich wohl kaum freiwillig davon getrennt haben werden. Ein Bärenfell hatte den Vorteil, dass es meist in den Größen XL und XXL vorkam und deshalb den neuen Träger komplett einhüllte.

Was aber machte man mit den Pelzen, die man Hasen, Ottern, Wölfen und anderem Kleingetier abgezogen hatte? Sie mussten zusammengenäht werden – mit Nadel und Faden. Die ältesten Nähnadeln wurden daher auch, was nicht weiter überraschen sollte, in jenem Land gefunden, das sich später als Hochburg der Haute Couture entpuppen sollte. In einer Höhle in Südfrankreich entdeckte man Nadeln aus Tierknochen, die mehr als 20 000 Jahre alt sein sollen.

Es ist gut denkbar, dass schon die frühen Jäger und Sammler mit den Forderungen ihrer Ehefrauen nicht mehr mithalten konnten: »Du glaubst doch nicht im Ernst, Schatz, dass ich im nächsten Winter wieder in demselben Säbelzahn-Cape aus der Höhle treten werde?« Da aber der Erwerb eines neuen Pelzmantels immer auch mit einem nicht unerheblichen Risiko behaftet war, dürften sich Männer wie Frauen bald nach einem Ersatz umgeschaut haben: Bekleidungsstoffen, denen man nicht mit dem Wurfspeer hinterherlaufen musste.

Der erste Stoff war vermutlich Filz: zusammengepresste und gewalkte Tierhaare. Die Tatsache, dass alpenländische Landhausmode noch heute überwiegend aus gewalktem Loden besteht, könnte das norddeutsche Vorurteil befeuern, wonach die Menschen im Süden der Republik einige gravierende evolutionäre Schritte noch immer nicht vollzogen haben.

Anspruchsvoller in der Herstellung als Filz war der Flachs, die Vorstufe des Leinens. Die ältesten Stoffstücke aus gefärbtem Flachs fand man in der Kaukasus-Republik Georgien. Sie waren vor 38 000 Jahren gewebt worden und markierten einen monumentalen Entwicklungsschub: Nun war es nicht mehr nötig, für einen neuen Wintermantel bei der Jagd gleich sein Leben aufs Spiel zu setzen. Er konnte aus Pflanzenfasern zusammengeflochten und obendrein sogar eingefärbt werden. Dass die Menschen die Fähigkeit des Webens ähnlich hoch einschätzten wie ihre Kontrolle über das Feuer, zeigt die Tatsache, dass viele Kulturen der Weberei eine eigene Gottheit zuordneten. Nur die Götter, so war offenbar die Überzeugung, konnten den Menschen diese Gabe gewährt haben.

An den Stoffen, die die Menschen woben und trugen, veränderte sich jahrtausendelang nichts Wesentliches. Bis ins 19. Jahrhundert hüllte sich die Menschheit im Grunde genommen in dieselben Materialien, mit denen sich schon unsere Altvorderen in der Steinzeit begnügt hatten: Leder und Felle, Leinen und Wolle. Abwechslung erhielt man durch Kombinationen und Verzierungen, etwa durch Gold- und Silberfäden.

Seide, die in China erstmals vor 6000 Jahren ge-
sponnen wurde, war zwar auch im Altertum in Europa
bekannt. Die Römer nannten den edlen Stoff poetisch
»ventus textilis«, gewebten Wind. Das würde sich, nebenbei bemerkt, gut machen als Name für eine neue
Linie von Seidenblusen: Woven Wind. Seide blieb
aber lange für die meisten Menschen unerschwinglich
teuer. Auch die Baumwolle, die Anfang des 17. Jahrhunderts nach Europa kam, war zunächst ein Luxusgut.

Leinen ist das älteste Gewebe der Menschheit.
Nicht, weil es leicht herzustellen wäre: Das Gegenteil
ist der Fall. Man braucht nicht weniger als zwanzig
recht komplizierte Arbeitsschritte, bis aus der Flachs-
pflanze ein verarbeitbares Stück Stoff geworden ist.
Was dennoch für Leinen sprach, war die Tatsache,
dass Flachs ein anspruchsloses Gewächs ist, das nahezu überall gedeiht und vor allem sehr schnell nach-
wächst.

Kleiner Exkurs

Der Inder Nehru und der Chinese Mao versahen ihn
mit einem militärischen Stehkragen und die irani-
schen Ayatollahs ließen die Krawatte weg. Doch im
Wesentlichen blieb er auch in diesen Kulturen unverändert: Der zwei- oder dreiteilige Herrenanzug mag
zwar eine europäische Erfindung gewesen sein; aber
er hat sich – von wenigen Ausnahmen abgesehen –
weltweit als männliche Standarduniform von Busi-

nessmännern, Politikern und Potentaten durchgesetzt. Als Hosenanzug ist er sogar in die Damengarderobe vorgestoßen.

Wie konnte ein im Prinzip eher langweiliges Kleidungsstück einen derartigen Siegeszug rings um den Globus antreten? Und wer war eigentlich der Erfinder des Anzuges? Waren es die Italiener, die sich mit Brioni-Chic der besten Schnitte rühmen? Oder doch die Engländer, die auf ihre bis zur Unzerstörbarkeit haltbaren Stoffe und auf die Tradition der Schneiderzunft von Savile Row in London schwören?

Italiener mögen zwar eleganter gekleidet sein als Engländer, aber die Spuren des Ur-Anzugs führen doch auf die Britischen Inseln. In seiner gegenwärtigen Form ist er zwar nicht älter als etwa 150 Jahre; doch die Ursprünge reichen weiter zurück: Es war etwa um das Jahr 1667, als der englische König Charles II. seine Höflinge ausdrücklich anwies, sich weniger auffällig und bunt zu kleiden, als es bis dahin üblich war. Die neue Bescheidenheit hatte einen ganz konkreten Grund, der sich wenig von der Entscheidung eines heutigen Hedgefonds-Managers unterscheidet, seinen Bonus lieber auf die hohe Kante zu legen, anstatt ihn in einen weiteren ostentativen Luxuswagen zu investieren. Denn in den beiden vorangegangenen Jahren war London von zwei Katastrophen erschüttert worden: Zuerst hatte ein Ausbruch der Pest die Bevölkerung erheblich dezimiert, und dann war im Jahr darauf beim »Großen Feuer« von London fast die ganze Metropole niedergebrannt. Einschränkung war also für den Hof das opportune Gebot der Stunde.

Doch Charles' Anweisung war mehr als nur ein Mode-Diktat, sie löste, wenn auch ungewollt, eine Revolution aus. Denn bisher hatten Monarchen in der Geschichte der Menschheit darauf Wert gelegt, sich auch kleidungstechnisch von ihren Untertanen abzugrenzen. Dem einfachen Volk war es mitunter sogar unter Androhung schlimmster Strafen verboten, sich in Samt, Seide und Brokat zu hüllen – selbst wenn sich manche, wie etwa die neue Klasse reicher Kaufleute, dies hätten leisten können. Doch nun sollte der Adel sich zum ersten Mal ähnlich anziehen wie der Pöbel: schlicht und vor allem weitgehend einfarbig. Im Laufe der nächsten Jahrzehnte wurde die Herrenmode zwar wieder etwas schriller und bunter, aber der Grundstein war gelegt.

Die Revolutionen in Amerika und Frankreich trugen ebenfalls dazu bei, dass Grafen, Herzöge und Barone es vorzogen, in der Masse unterzutauchen.

Dann aber trat ein Mann auf den Plan, dessen Name eigentlich eher mit extravaganter Kleidung in Verbindung gebracht wird, der aber dennoch der Vater der modernen Herrenbekleidung war: George Bryan Brummel, genannt Beau Brummel, der schöne Brummel.

Im London des ausgehenden 18. und beginnenden 19. Jahrhunderts war er das, was man heute eine Celebrity nennen würde: Die Öffentlichkeit verfolgte mit einer Mischung aus Staunen, Spott und Schock alles, was er tat, wobei seine radikale Angewohnheit, täglich zu baden, vermutlich die größte Verwunderung auslöste. Vor allem aber interessierte man sich dafür, was er trug: Jeden Tag setzte er sich in ein Fenster des Londoner Herrenclubs Whites und ließ sich von den Menschen draußen auf der Straße begaffen.

Und zu gaffen gab es weiß Gott genug: Noch nie zuvor hatte ein Mann derart körperbetonte, enganliegende Kleidungsstücke getragen wie Brummel. Die bislang populäre Mode, Stoffe locker über die männliche Anatomie zu drapieren oder sie zu polstern, war ein Relikt des Mittelalters. Damals hatten die dicken Stofflagen die Funktion, unter der Rüstung die Haut davor zu schützen, aufgescheuert zu werden. Brummels Vorbilder waren Militäruniformen und das Outfit adeliger Jagdgesellschaften sowie die Luxuskörper klassisch-griechischer Statuen von nackten Jünglingen. Kleidung, so fand er, sollte Muskeln und knackige Pos betonen, nicht verstecken.

Außerdem hängte Brummel die bis dahin übliche damastene Kniebundhose an den Nagel und ersetzte sie durch die bis heute gebräuchlichen langen Beinkleider. Sie waren in Europa zuletzt von den alten Germanen getragen worden – zum Entsetzen der Römer.

Der Schlitz im Rücken des Sakkos wiederum ging auf Reitkostüme zurück. Mit Bewegungsfreiheit lässt es sich leichter reiten als in einem engsitzenden Jackett. Vom Militär wiederum stammen die breiten Anzugschultern – ein fernes Echo prächtiger Epauletten. Und dass man die Jackenärmel ganz teurer, maßgeschneiderter Anzüge aufknöpfen kann, geht auf den Ärztestand zurück. Ein englischer Chirurg hätte nie seinen Rock abgelegt, noch nicht einmal bei einer Operation. Es genügte, wenn er die Ärmel hochkrempeln konnte. Bis heute sprechen die Schneider in der noblen Londoner Savile Row von einer »Chirurgen-Manschette«.

Leinen war allgegenwärtig. Die Ägypter wickelten ihre Mumien in Leinenbänder und hüllten ihre Priester in leinene Gewänder. Athens große Redner und Politiker waren ebenso in Leinen gehüllt wie Roms Senatoren und Konsuln in ihren schneeweißen Togen. Die fade Farbwahl kam freilich nicht von ungefähr: Leinen ist außergewöhnlich schwer zu färben. Allein um ihn weiß zu machen, muss man den Stoff monatelang in der Sonne bleichen. Die Ursprungsfarbe ist ein schmuddeliges, unansehnliches Beigebraun, und dies war auch der Farbton der groben Leinenkittel, die das gemeine Volk in Europa jahrhundertelang trug.

Der zweite Ur-Stoff der Bekleidungsindustrie war die Wolle. Sie gibt es schon so lange, wie der Mensch Schafe domestiziert hat. Das war vermutlich vor mehr als 10 000 Jahren im heutigen Mesopotamien zum ersten Mal der Fall. Überhaupt scheinen Wildschafe die ersten Tiere gewesen zu sein, die wir für uns nutzbar machen konnten. Dabei war sicherlich hilfreich, dass diese Schafe schon von Natur aus klein und nicht aggressiv waren wie andere in freier Wildbahn vorkommende Tiere. Lammfromm eben.

Diese Wildschafe aber und ihre ersten domestizierten Nachfahren hatten noch verhältnismäßig wenig Wolle am Leib. Flauschige Merinoschafe, wie wir sie heute kennen, sind das Ergebnis langer Zuchtbemühungen. Die Wolle der Urschafe wurde auch nicht geschoren, sondern umständlich mit der Hand herausgerupft, was für das Schaf mindestens genauso unangenehm gewesen sein muss wie für den Zupfer.

Heutzutage mag Wolle als ein friedlicher, alternativer Stoff gelten, der sich mit der Umwelt verträgt und bei dem man ans freundliche Klappern von Stricknadeln denkt. Aber man darf nicht vergessen, dass einst Kriege um Wolle geführt wurden. Das Vermögen der legendären Medici-Familie beruhte ebenso auf Wollverkäufen wie der frühe Reichtum des mittelalterlichen Englands. Noch heute sitzt der Vorsitzende des Oberhauses in London auf dem Woolsack, einem mit Wolle ausgestopften quadratischen Sitzmöbel, das einst die Quelle des Wohlstands des Königreiches symbolisierte.

Der erste nachgewiesene Wollpullover der Welt ist übrigens 3500 Jahre alt. Ob er von einer Schwiegermutter für den Schwiegersohn gestrickt wurde, lässt sich heute nicht mehr genau feststellen. Auf alle Fälle stammt er aus Skandinavien – wenn auch noch ohne Norwegermuster. Das ist auch nicht weiter verwunderlich, schließlich wurde er ein wenig weiter südlich, in Dänemark, gefunden.

Die Baumwolle erreichte Europa zwar erst relativ spät, aber von ihrer Existenz irgendwo im geheimnisvollen Asien wussten schon die alten Griechen. Der griechische Reiseschriftsteller Herodot verfasste um 500 v. Chr. eine ziemlich präzise Beschreibung, obwohl er die Pflanze selbst nie mit eigenen Augen gesehen hatte. »Es gibt in Indien wildwachsende Bäume, aus deren Frucht man eine Wolle gewinnen kann, die die Schönheit und Qualität der Schafwolle bei weitem übertrifft. Die Inder machen aus dieser Baumwolle ihre Kleider.«

Natürlich wächst Baumwolle nicht auf Bäumen, sondern an Stauden, und diese produzieren auch keine Wolle, sondern Fasern, die versponnen werden können. In Indien wurde Baumwolle zum ersten Mal im Rigveda 1500 v. Chr. erwähnt; die Chinesen wiederum stellten aus Baumwollfasern ihr erstes Papier her. In Mexiko wurden Reste von 7000 Jahre alter Baumwollkleidung gefunden. So haltbar schneidert heute niemand mehr.

Durch das mittelalterliche Europa freilich geisterten geradezu märchenhafte Erzählungen und Gerüchte über die indische Wunderfaser. »Dort (in Indien) wächst ein wunderbarer Baum, an dessen Ästen klitzekleine Lämmchen hängen«, phantasierte beispielsweise der englische Autor John Mandeville 1350. »Diese Äste aber sind so biegsam, dass sie sich bis zum Erdboden neigen und es so den Lämmchen gestatten zu fressen, wenn sie hungrig sind.«

Dass Baumwolle Anfang des 17. Jahrhunderts überhaupt nach Europa kam, war eine Folge der Rivalität der Kaufmannsimperien Portugals, Spaniens, der Niederlande und Englands. Da sich Portugiesen und Holländer ein nahezu unangreifbares Monopol auf den lukrativen Gewürzhandel gesichert hatten, musste sich die im Jahr 1600 neugegründete British East India Company nach einem anderen Produkt mit vergleichbar hohen Gewinnspannen umsehen, wenn sie ihre Aktionäre nicht verstimmen wollte. Zunächst importierten die Briten Seide aus China, doch dann verlegten sie sich auf Baumwolle aus Indien.

Über England gelangte die Baumwollpflanze in die englischen Kolonien in Nordamerika, wo sie angebaut wurde und alsbald prächtig gedieh. In South Carolina beispielsweise explodierte der Baumwollexport in nur einem Jahrzehnt von 1790 bis 1800 von weniger als fünf Tonnen auf mehr als 2700 Tonnen im Jahr. »King Cotton« schwang sich in den amerikanischen Südstaaten zum unangefochtenen Alleinherrscher auf, der auch das ehemalige britische Mutterland nachhaltig prägte: In Manchester wurde Baumwolle aus der ganzen Welt, vorzugsweise jedoch aus den USA, zu hochwertigen Textilien versponnen und legte den Grundstein zur industriellen Revolution.

Wenn ein Rohstoff derartige wirtschaftliche Bedeutung erringt, dann schreibt er auch Geschichte. Die Baumwolle hat die Historie mehrerer Staaten nachhaltig geprägt, an erster Stelle jene der Vereinigten Staaten und Ägyptens. Von Georgia bis Alabama, von Virginia bis in die beiden Carolinas zementierte der Baumwollanbau das System der Sklaverei. Sklaven galten als unverzichtbar, weil Aussaat, Ernte und Verarbeitung von Baumwolle harte Knochenarbeit war, die von freiwilligen Arbeitern kaum ausgeübt wurde. Benötigte man beispielsweise nur ein bis zwei Arbeitstage, um ein Pfund Wolle herzustellen, zwei bis fünf Tage für ein Pfund Leinen und eine Woche für ein Pfund Seide, so waren fast zwei Wochen mühsamer Arbeit notwendig, bevor man ein Pfund Baumwollfasern erhielt.

Die Arbeit begann schon früh im Jahr auf den Feldern. Nach der Aussaat Ende März mussten die Pflanzen regelmäßig ausgedünnt und umgepflanzt werden. Diese Phase dauerte bis Anfang August. Vier Wochen später begann die Ernte, die bis zu zwei Monate in Anspruch nehmen konnte und hart und ermüdend war, weil die Samenkapseln, die die Fasern enthalten, mit der Hand eingesammelt werden mussten. Dann begann – nicht minder mühsam – das Trocknen und Entkernen der Kapseln, bei dem die Fasern von den Samenkörnern getrennt wurden.

An der Sklaverei zerbrach um ein Haar die Union der amerikanischen Staaten. Sie spaltete die Nation und vergiftete das Verhältnis zwischen Nord und Süd ebenso wie die Beziehungen zwischen Schwarzen und Weißen.

Ausläufer dieses Streites und des daraus resultierenden amerikanischen Bürgerkriegs veränderten aber auch die ökonomischen Verhältnisse in einem Land, das eine halbe Welt entfernt liegt: Ägypten. Um den Gegner, die Konföderierten, zu schwächen, hatte die Regierung in Washington die Baumwollexporte des Südens blockiert. Die Folgen erwiesen sich vor allem für Großbritannien als prekär: Den englischen Spinnereien ging der Rohstoff aus; es drohten Werksschließungen, Entlassungen, soziale Unruhen und schließlich sogar der finanzielle Ruin aller Textilbarone mit unabsehbaren Auswirkungen auf das Empire.

Gemeinsam mit Frankreich wandte sich die Regierung in London daher an Ägypten, wo bereits in kleinerem Umfang mit Baumwollanbau experimentiert worden war. Man überredete den Khediven, Ägyptens

Herrscher, massiv in das Baumwollprojekt zu investieren. Kairo folgte dem Vorschlag und verschuldete sich heillos bei – welch ein Zufall – britischen und französischen Banken. Doch als der Krieg in Amerika zu Ende war, kehrten die britischen Spinnereien wieder zu ihren alten Lieferanten auf der anderen Seite des Atlantiks zurück. Ägypten meldete Bankrott an und wurde unter das finanzielle Kuratel der Briten gestellt. De facto war das Land damit zur britischen Kolonie geworden. Langfristig freilich rentierte sich die Investition des Khediven: Ob Handtücher oder Bettwäsche – heute gilt ägyptische Baumwolle qualitativ als unschlagbar.

Dass sich die Menschheit so lange mit Leinen, Wolle, Seide und Baumwolle begnügte, bedeutet nicht etwa, dass sie sich nicht bemüht hätte, diese Stoffe immer wieder zu veredeln und zu verbessern. Wämser und Westen sollten mal weicher, mal wärmer, mal luftiger, mal lässiger sein. Sie sollten einen höheren Tragekomfort besitzen, wie man dies heute nennen würde, oder einfach modischer aussehen. Die sogenannten besseren Stände wie Adel oder Klerus verlangten ohnehin nach etwas Besonderem – und erhielten es, etwa in Form von weichem Samt aus dem Orient oder von Brokat, das heißt schwerer, mit Gold- und Silberfäden durchwirkter Seide. Das war zwar nur geringfügig angenehmer auf der Haut als eine Ritterrüstung, machte aber ungemein was her.

Als dann im 18. Jahrhundert das Bürgertum nach und nach zu Wohlstand und Respektabilität gelangte, da wünschten sich auch Kaufleute, Bankdirektoren oder Hofräte größeren Tragekomfort, bessere Schnitte und edlere Stoffe. Gerade in England mit seiner reichen Weber-Tradition gelangen hier erste Erfolge. So erfreut sich beispielsweise Tweed aus Schottland einer bis heute nicht ermatteten Beliebtheit, weil er Komfort mit Haltbarkeit verbindet.

Im Jahre 1888 ließ sich der Farmerssohn Thomas Burberry aus dem südenglischen Städtchen Basingstoke ein robustes und zugleich leichtes und feines Kammgarngewebe patentieren, das sich angenehmer trug als Tweed und hervorragend für Mäntel, Anzüge und Hosen eignete. Eigentlich war es eine Weiterentwicklung traditioneller Schäferjacken, aber Burberry gab dem neuen Stoff lieber einen vornehmen, französisch klingenden Namen: Gabardine. Als der norwegische Polarforscher Roald Amundsen 1911 seine Antarktis-Expedition mit dem neumodischen englischen Anzugstoff ausrüstete, war der Siegeszug der Gabardinehosen, -mäntel und -jacken nicht mehr aufzuhalten.

Die Erfindung lohnte sich auch für Thomas Burberry persönlich. Sein Geschäft, das er in bester Lage am Londoner Haymarket eröffnete, florierte und erfreute sich schon bald königlicher Patronage. Im Ersten Weltkrieg stattete Burberry britische Offiziere erstmals mit Trenchcoats aus, wörtlich übersetzt Grabenmäntel, in Anlehnung an die Schützengräben, für die sie entworfen worden waren. Hier ist freilich die Gelegenheit, mit zwei Mythen aufzuräumen, die sich hartnäckig halten: die Funktion der Schulterklappen und der Metallringe. In Erstere wurde nicht das Barett gesteckt, wenn man es nicht auf dem Kopf trug, sondern sie dienten zur Befestigung von Epauletten. Und an den Ringen am Gürtel baumelten keine Handgranaten, sondern der Degen. So weit hatte sich Europas Offizierskaste 1914 zumindest mental noch nicht von der glorreichen Vergangenheit entfernt, als dass sie auf die ehrwürdige Seitenwaffe verzichtet hätte, nur weil sie plötzlich einen Regenmantel dazu trug.

Erfunden wurde der Trenchcoat allerdings nicht von Burberry, sondern vom Dauerkonkurrenten Aquascutum. Die Mäntel wurden zunächst aus Guttapercha, einem Kautschukprodukt, hergestellt, was den eigenartigen Firmennamen erklärt: Er setzt sich zusammen aus lateinisch aqua – das Wasser – und scutum – der Schild –, wegen der wasserabweisenden Qualität des Stoffes. Ihren ersten Einsatz hatten die neuen Mäntel im Krimkrieg gegen Russland 1855 und waren damals eine Sensation. Sie ersetzten die schweren, langen Greatcoats, mit denen sich die Truppe traditionell abgeschleppt hatte.

Kleiner Exkurs

Fitzroy Somerset hatte keinen guten Krieg. Gewiss, seine Seite gewann die Schlacht von Waterloo. Somersets Feldherr, der Herzog von Wellington, schlug Napoleon vernichtend und endgültig. Aber Somerset, der den Titel eines Baron Raglan trug, wurde so schwer verletzt, dass ihm der rechte Arm amputiert werden musste. Dennoch quittierte er den Dienst nicht und brachte es später bis zum Feldmarschall im Krimkrieg. Da er wegen des amputierten Armes nur mit großer Mühe in die gängigen Armeemäntel schlüpfen konnte, ließ er sich eine Spezialanfertigung schneidern, bei welcher der Ärmel nicht an der Schulter, sondern weiter oben am Kragen angenäht war. Der Raglanärmel fand Anklang und Nachahmer – bis heute: Jedes T-Shirt hat diese Ärmelform.

Erst das 20. Jahrhundert und bahnbrechende Fortschritte in der Chemie beendeten das Monopol der Traditionsstoffe. Die dreißiger Jahre waren das Goldene Zeitalter der synthetischen Stoffe, die unser Leben nachhaltig verändern sollten.

Den größten Eindruck machte Nylon, das 1938 in den Labors des amerikanischen Chemiegiganten DuPont entwickelt wurde – ursprünglich für eine Zahnbürste, doch wurde es schon bald für Damenstrümpfe verwendet, die im armen Nachkriegsdeutschland zum begehrtesten Zahlungsmittel gleich nach Zigaretten werden sollten. Wie Nylon zu seinem Namen kam, ist rätselhaft. Nach einer Theorie wurde die Buchstabenkombination nyl willkürlich gewählt; die Endung -on sollte an andere natürliche und künstliche Stoffe wie *cotton* (engl. Baumwolle), Dralon oder Rayon (Kunstseide) erinnern. DuPont selbst lieferte später die etwas gekünstelte Erklärung nach, dass das Material ursprünglich »No-Run« heißen sollte, weil Nylonstrümpfe keine Laufmaschen (englisch: runs) bekämen. Daraus sei im Laufe der Zeit »Nylon« geworden.

Wie man sieht, kannte sich die Firma mit synthetischen Stoffen deutlich besser aus als mit etymologischen Erklärungen. Nach dem Zweiten Weltkrieg ging es Schlag auf Schlag weiter: 1959 entstand Lycra, ein

Stoff, der Haltbarkeit mit extremer Dehnbarkeit verbindet. Superman, Batman und Captain America tragen alle Kostüme aus dem heute Spandex genannten Material – was insofern verwunderlich ist, als diese Superhelden älter sind als der Kunststoff. Aber vielleicht wurde er auf dem Planeten Krypton ja schon früher entwickelt.

Fibeln, Knöpfe, Reißverschlüsse

Von dem Zeitpunkt an, an dem unsere Vorfahren ihre eigene verlorengegangene Ganzkörperbehaarung von anderen Tiergattungen ersetzen lassen mussten, hatten sie ein Problem: Wie befestige ich den Pelz am Körper? Jeder, der schon mal versucht hat, ein Handtuch um Hüfte oder Oberkörper zu wickeln, kennt das Dilemma. Man verhüllt zwar mehr oder minder erfolgreich seine Blößen; das funktioniert aber nur so lange, wie man sich nicht übermäßig viel oder schnell bewegt. Derart gekleidet auf die Mammutjagd zu gehen wäre eher unpraktisch gewesen.

Perserinnen, die zum Tragen des Tschadors verpflichtet sind, haben eine insofern praktikable Lösung gefunden, als sie ihnen die Hände frei hält: Sie halten die zusammengerafften Enden des losen Ganzkörperumhangs mit den Zähnen fest. Aber auch diese Variante ist als Jagdkleidung ungeeignet. Bei jedem Warnruf etwa vor einem heranschleichenden Säbelzahntiger wäre der Umhang verlorengegangen.

Sehr früh also musste die Menschheit nach einem Verschluss suchen, und ein einfacher Dorn, den man durch den Pelz steckte, wird wohl die erste Lösung gewesen sein. Er dürfte lange Zeit die einzige bekannte Methode der Klamottensicherung gewesen sein, da ja auch Griechen und Römer schneidertechnisch nicht weit über schlichte Stoffbahnen hinauskamen. Sie kannten Hosen zwar von den Skythen, den Persern und den Germanen, hielten diese Beinkleider aber für barbarisch oder gar lächerlich und verspotteten sie als »Säcke«.

Kleiner Exkurs

Strickjacken schreiben nur selten Geschichte. Eine der wenigen Ausnahmen dürfte die Wolljacke sein, die Bundeskanzler Helmut Kohl trug, als er im Kaukasus mit Kremlchef Michail Gorbatschow die deutsche Einheit aushandelte. Die Jacke ist heute im Deutschen Historischen Museum in Berlin zu besichtigen.

Eine historische Figur war auch der Stammvater der Strickjacke beziehungsweise des Cardigan, wie das Kleidungsstück im Englischen genannt wird. James Brudenell, der 7. Earl of Cardigan, war jener britische Kommandeur, der im Krimkrieg einer Kavalleriebrigade den törichten Befehl zum Angriff auf eine befestigte russische Artilleriestellung gab. Die britischen Reiter wurden systematisch niedergeschossen, und die »Charge of the Light«-Brigade ging als besonders abschreckendes Beispiel für menschenverachtende und grausame Dummheit in die Militärgeschichte ein. Dem Ruf von Earl Cardigan aber tat dies keinen Abbruch: Zeit seines Lebens galt er als tollkühner Haudegen, dessen Name und Bild in England auf Postkarten und in Büchern überall auftauchte. Die Strickweste aber, die er während des Feldzuges angeblich immer getragen hatte, wurde als »cardigan« von einer dankbaren Bekleidungsindustrie popularisiert und vermarktet.

Im Laufe der Zeit wandelte sich der Dorn – ganz so wie die unscheinbare Raupe zum farbenprächtigen Schmetterling – zur kostbaren Fibel. In Museen auf der ganzen Welt kann man Exemplare von Fibeln bewundern, die Nützlichkeit mit Schönheit kombinierten. Allerdings sollten noch viele Jahrhunderte vergehen, bevor die Gefahr gebannt wurde, sich mit der Haltenadel in den Finger zu stechen. Erst 1849 ließ der amerikanische Erfinder Walter Hunt die Sicherheitsnadel patentieren – auch er einer jener Männer, denen die Menschheit viel zu verdanken hat, wenn sie sich denn an ihn erinnern würde.

Zur gleichen Zeit wie der Dorn kam der Faden auf, mit dem man sowohl kleinere Felle zusammennähen als auch andere größere Stücke mit Schleifen und Knoten verschließen konnte. Diese Schlaufen aber führten zwangsläufig zum Vorläufer des Knopfes: einfache Knebel aus Knochen, Steinen oder Tierzähnen, um die man den Faden wickeln konnte. Von hier aus war es kein weiter Weg zum richtigen Knopf, wobei freilich an dieser Stelle eingestanden werden muss, dass ihm lange Zeit sein natürliches Gegenstück fehlte: das Knopfloch.

Denn die ersten Knöpfe – und das früheste Exemplar ist aus dem Jahre 2400 v. Chr. verbürgt – waren eher Ornamente, die der Zierde dienten und nicht der Halterung. Allerdings gibt es keinen Grund, sich darüber zu amüsieren. Jeder moderne Anzugträger führt ebenfalls bis zu acht nutzlose Knöpfe spazieren – am Jackenärmel. Wie sie dorthin kamen, darüber gibt es eine Theorie, die zwar nicht stimmen muss, aber zumindest reizvoll klingt. Demnach ließ der Preußenkönig Friedrich der Große die Knöpfe an den Sakkos seiner Soldaten annähen, um den Männern die Unart auszutreiben, sich am Ärmel den Rotz von der Nase zu wischen. Die Kombination von oberlehrerhafter Bevormundung und praktischem Nutzen klingt zu sehr nach preußischer Ordnungsliebe, als dass man von vornherein jeden Wahrheitsgehalt ausschließen könnte.

Im Mittelalter waren Knöpfe zu veritablen Statussymbolen geworden, und Knopfmacher genossen ein höheres Ansehen als Buchbinder. Im Königreich Württemberg beispielsweise dauerte eine Knopfmacherlehre sechs Jahre. Gesamtdeutsch wurde das Knöpflerhandwerk erst 1941 verbindlich in einer Reichsausbildungsrichtlinie geregelt. Der Zeitpunkt überrascht. Man hätte eigentlich gedacht, dass das deutsche Nazireich im dritten Kriegsjahr andere Prioritäten gesetzt hätte. Die Richtlinie wurde dann schon Ende der 50er Jahre ersatzlos gestrichen. Seitdem ist Knopfmacher keine geschützte Berufsbezeichnung mehr – nur für den Fall, dass sich jemand für diese Karriere interessieren sollte.

Preußen wiederum schützte seine Knopfmanufakturen zur Regierungszeit von König Friedrich Wilhelm I. vor Fremdknöpfen aus dem Ausland. Berlin erließ ein »Edict, dass keine fremde Knöppfe, sie seyn maßsive oder gesponnene von was Art und Metall sie wollen – bei Straffe der Confiscation, weiter in die Königlichen Lande eingeführet werden sollen«. Die Zollschranke richtete sich vor allem gegen Frankreich, Europas Knopfhochburg Nummer eins. Ludwig XIV. hielt sich einen eigenen Hof-Boutonnier, der ihm unter anderem die 104 Diamantknöpfe entwarf, die die Staatsrobe des Sonnenkönigs schmückten.

Der Knopf galt also gewissermaßen als Ultima Ratio der Verschlusskunst – so lange jedenfalls, bis die Mode Kleidungsstücke hervorbrachte, die von einer langen Reihe fiddelig kleiner Knöpfchen zeitraubend und fingernageltötend verschlossen werden mussten: Korsetts beispielsweise oder eine bestimmte Art von Knöpfstiefeln, wie sie von Mary Poppins und ihren Arbeitskolleginnen getragen wurden.

Findige, und auch weniger erfinderische, Naturen hatten sich schon lange den Kopf über eine Vorrichtung zerbrochen, mit der man Kleidungsstücke, Schaftstiefel oder Taschen rasch und zuverlässig verschließen konnte. Aber erst der amerikanische Erfinder Elias Howe stellte 1851 seinen »automatischen kontinuierlichen Kleidungsverschluss« vor. Ein Renner war das Ungetüm aus Metallschnallen, Ösen und Schlaufen nicht, und Howe verlegte sich klugerweise später auf seine andere, wesentlich erfolgreichere Erfindung: die Nähmaschine.

Erst vierzig Jahre später wagte sich erneut jemand an den Schnellverschluss. Whitcomb Judson, ebenfalls Amerikaner und ebenfalls Erfinder (unter anderem der pneumatischen Straßenbahn, für diejenigen, die es genau wissen wollen), entwickelte ein geringfügig handlicheres Gerät, den »Clasp Locker«, also den Klammerverschluss. Das öffentliche Interesse blieb aus – offenbar ging es immer noch schneller, drei Dutzend Knöpfe zuzuknöpfen, außerdem hatte der Clasp Locker die Angewohnheit, in den ungünstigsten Momenten aufzuplatzen. Trotzdem gründete Judson seine eigene Firma, die »Universal Fastener Company«. In die trat schon bald ein junger Schwede namens Gideon Sundback ein, der sich als Glücksfall für Judson erweisen sollte. Denn er heiratete nicht nur dessen Tochter, sondern verbesserte das Design des Klammerverschlusses so nachhaltig, dass er als Vater des modernen Reißverschlusses gelten kann.

Doch wer glaubt, dass die Neuheit begeistert aufgenommen worden wäre, der täuscht sich. Anfangs wurde der Reißverschluss fast nur in Taschen und Beutel eingenäht. Die in Europa dominierende Modeindustrie sperrte sich zwanzig Jahre lang gegen das Importprodukt, das als typisch amerikanisch galt und daher als unkultiviert verunglimpft wurde. Die Front bröckelte erst, als der Reißverschluss eine entscheidende Schlacht gegen den Knopf gewann: den Kampf um den Hosenschlitz. Es war 1937, als das modische Paris die Vorteile des Zippers an der Männerhose erkannte und lobpreiste. »Besser als der Knopf«, schwärmte etwa das Magazin Esquire. Mit einer Einschätzung freilich lag die Zeitschrift falsch. Der Reißverschluss am Hosenschlitz, befand das Blatt, schließe »die Möglichkeit unbeabsichtigter und peinlicher Entkleidung« aus. Wenn das doch nur so wäre.

Auf den nächsten großen Durchbruch in der Verschlusstechnik musste die Welt bis in die 50er Jahre und auf den Schweizer Ingenieur Georges de Vestral warten. Der ging in seiner Freizeit gerne in die Berge. Das Einzige, was ihn bei diesen Ausflügen ärgerte, waren die lästigen Kletten, die er am Abend dann jedes Mal mühsam von seinen Wadenstrümpfen abpulen musste.

Doch eines Tages legte er eine Klette unter das Mikroskop und untersuchte deren Aufbau. Nach demselben Prinzip, so dachte er, müsse sich doch ein Verschluss produzieren lassen, bei dem Tausende kleiner Häkchen in ebenso viele kleine Ösen griffen. Vestral nannte seine Erfindung Velcro – eine Mischung aus den Wörtern Velours und crochet (französisch für Häkchen). Richtig durch setzte sich der Klettverschluss erst, als er aus Kunststoff hergestellt werden konnte, der sich nicht so schnell abnutzte wie Baumwolle.

Inzwischen verschließt Velcro nicht nur Sportschuhe und die Hosen der männlichen Strippergruppe Chippendales. Chirurgen versiegeln mit dem Klettband sogar künstliche Herzkammern, und die NASA wüsste nicht, wie sie im Weltraum ohne Velcro auskäme. Nur die US-Army, einst einer der größten Klett-Kunden, kehrte reumütig zum braven Knopf zurück – wegen der Kriege im Irak und in Afghanistan. Der feine Sand in diesen Ländern verstopfte die filigranen Ösen und Haken und machte die Verschlüsse unbrauchbar. Außerdem, so klagen GIs, sei Velcro viel zu laut, wenn man es mit einem Ratschen öffne. »Wir wollen doch nicht jedes Mal die Taliban auf unsere Stellung aufmerksam machen, wenn wir zum Pinkeln gehen«, beschwerte sich ein US-Sergeant in einer Zeitung.

Die Populärkultur aber hat Vestral ein dauerhaftes

Denkmal gesetzt. In einer Folge der Fernsehserie »Raumschiff Enterprise« bleibt ein Vulkanier namens Vestral auf der Erde zurück. Dort erfindet er dann Velcro.

Lassen Sie uns zum Abschluss dieses Themas noch ein kleines Loblied auf ein anderes unscheinbares Accessoire anstimmen, das für uns so selbstverständlich geworden ist, dass wir den Grad seiner Bedeutung überhaupt nicht mehr richtig einschätzen können: die Hosen- oder Jackentasche.

Ohne sie gäbe es keine Taschentücher, Taschenuhren, Taschenlampen und kein Taschengeld, wir müssten auskommen ohne Taschenrechner, Schweizer Taschenmesser und zumindest im Türkischen auch ohne Handys. Die heißen dort nämlich cep telefonu – Taschentelefone. Zugegeben, auch den Taschendieb gäbe es wohl nicht. Andererseits wüsste man auch nicht, wo und wie man sich die Hände wärmen sollte.

Erstaunlich, aber wahr: Taschen sind eine relativ neue Menschheitserfindung. Griechen und Römer hatten keine Taschen in ihren Togen. Nicht auszudenken, wo sie den ganzen Kram hinsteckten, den sie vermutlich auch damals mit sich herumschleppten. Vielleicht hielten sie sich deshalb Sklaven, damit diese ihnen die Geldbörse, das Rouge oder den Taschen…, pardon, den Handspiegel hinterhertrugen.

Im europäischen Mittelalter kamen Sklaven aus der Mode, doch statt Taschen schleppte man Beutel mit sich herum, die mit Schnüren um den Leib geschlungen oder an Kleidungsstücken befestigt wurden. Auch hier dauerte es nicht lange, bis man den Beutel mit der Barschaft unter den wallenden Klamotten verbarg – man wollte schließlich nicht auf seinen Reichtum mit dem Finger deuten. Der Nachteil dieses Arrangements bestand nun allerdings darin, dass man sich auf dem Markt jedes Mal halbwegs entkleiden musste, um die Äpfel oder das Rebhuhn zu bezahlen.

Erst um das Jahr 1400 herum kam ein Genius, den niemand kennt, auf die Idee, diese Beutel an der Innenseite des Hosenbeins anzunähen und durch einen Schlitz von außen zugänglich zu machen. Wie jede gute Erfindung verbreitete sich auch die Hosentasche mit Windeseile in ganz Europa. Dabei eroberte sie nicht nur Land um Land, sondern praktisch jeden Teil der Kleidung – vom Gesäß über die Brust bis zum Kopf. Denn auch in Hüte und Mützen werden mittlerweile Taschen geschnitten.

Gut sehen, gut aussehen: Die Brille

Ein Kleidungsstück im engeren Sinne ist sie zwar nicht, aber es trifft sicherlich zu, dass eine schöne Brille ihren Träger ausnehmend gut kleiden kann. Von der reinen Lesehilfe hat sie sich längst zum modischen Accessoire gemausert. Dies gilt nicht nur für Sonnenbrillen, die ja immerhin einen gewissen Zweck erfüllen. Nein, heute setzen sich auch Menschen mit perfekter Sicht ein 500-Euro-Designergestell mit Fensterglas auf die Nase. Brillenträger sind nicht mehr schräg, sondern cool.

Der erste Sonnenbrillenträger war übrigens, um das nur nebenbei zu erwähnen, der römische Kaiser Nero. Wenn ihm im Kolosseum die Sonne ins Gesicht schien, klemmte er sich zwei Smaragde – ähnlich wie ein Monokel – vor die Augen. Eigentlich erstaunlich, dass sich dieses Modell noch nicht bei russischen Oligarchen herumgesprochen hat.

Das deutsche Wort Brille leitet sich vom Bergkristall ab, dem Beryll, und weist damit den Weg zur Urbrille. Der durchsichtige Beryll bricht Lichtstrahlen auf eine Weise, dass alle Gegenstände, die man durch ihn betrachtet, deutlich, wenn auch ein wenig verschwommen, vergrößert werden. Eine erste Erwähnung dieser erstaunlichen Eigenschaft des Kristalls findet man bereits in einem altägyptischen Papyrus aus dem sechsten Jahrhundert vor Christus.

Später soll das griechische Allround-Genie Archimedes (287–212 v. Chr.) die Brechungsgesetze von Linsen untersucht und für sich selbst nutzbar gemacht haben. Angeblich verwendete er im Alter einen Kristall als Lesehilfe. Dreihundert Jahre später behalf sich der römische Schriftsteller Seneca mit einem anderen optischen Trick: »Kleine und undeutliche Buchstaben erscheinen größer und schärfer«, notierte er, »wenn man sie durch eine mit Wasser gefüllte Kugel betrachtet.«

Was Archimedes und Seneca plagte, ereilt uns alle früher oder später: Etwa ab dem 40. Lebensjahr verliert die Augenlinse ihre Elastizität und damit die Fähigkeit, nahe liegende Objekte in aller Schärfe zu erkennen. Menschen, die diese Alterserscheinung zu negieren versuchen, sprechen dann lieber davon, dass ihre Augen noch immer adlerscharf sehen könnten; nur die Arme seien nicht mehr lang genug.

Die ersten Brillen dienten denn auch nicht der Behebung der Kurzsichtigkeit, sondern als Vergrößerungsgläser für kleingeschriebene Texte. Entsprechend hießen sie auf Lateinisch, der Gelehrtensprache der Zeit, *lapides ad legendum* oder *vitreos ab oculis ad legendum* – Lesesteine oder Augenlesegläser.

Die erste Brille, die man sich auf die Nase zwicken konnte, entstand Ende des 13. Jahrhunderts in der Toskana. Bald waren die neuen Gerätschaften aus Gelehrtenstuben und Werkstätten nicht mehr wegzudenken.

Stille Helden

Karl-Ludwig Nessler (1872–1951)

Das Gras auf der anderen Seite, so lautet eine alte englische Lebensweisheit, ist immer grüner. Dies gilt nicht nur für Pferde auf der Weide, die den Kopf über den Zaun hängen lassen, sondern natürlich auch für Menschen. Wer ist schon wirklich zufrieden mit dem eigenen Aussehen? Und wenn man schon Kosten und Risiken von Schönheitsoperationen scheut, dann kann man wenigstens etwas an der Frisur verändern.

Es ist immer dasselbe alte Lied, und meistens stimmen es Frauen an: Lockenköpfe verzehren sich nach langen glatten Haaren, und wem die Haarsträhnen schnurgerade herunterhängen wie welker Schnittlauch, der würde alles dafür geben, wenn sich die Haare nur ein klein wenig wellen würden.

Dass letzteren Frauen geholfen werden kann, ist das Verdienst eines Schustersohnes aus dem Schwarzwaldstädtchen Todtnau. Am Handwerk seines Vaters war Carl-Ludwig Nessler allerdings nie interessiert. Bei seiner obligatorischen Lehre hatte er es nicht mit Ahlen und Leisten, sondern mit Rasierpinsel und Schere zu tun, den typischen Werkzeugen des Dorfbarbiers. Anschließend ging er, wie sich das für einen Gesellen gehörte, auf Wanderschaft. Sie führte ihn nach Basel, Genf, Mailand und schließlich nach Paris. Die Stadt war das Zentrum der modernen und vor allem der modischen Welt. Hier fand der junge Nessler eine Anstellung im Salon eines angesehenen Coiffeurs. Viel wichtiger aber, auch mit Blick auf die Zukunft, war, dass er hier seine spätere Gattin traf: Denn Katharina Laible aus Ulm sollte die erste Frau werden, der je eine Dauerwelle »am lebenden Kopf« appliziert wurde, wie Nessler seinen Versuch nannte.

Schon als Jugendlicher in der dörflichen Barbierstube hatte er sich Gedanken darüber gemacht, wie man Haar dauerhaft in Locken legen könnte. (Spätestens zu diesem Zeitpunkt war klar, dass er für den Schuster-Beruf seines Vaters verloren war.) Das Schlüsselwort lautete: dauerhaft, denn vorübergehend ließ sich der gewünschte Lockeneffekt schon lange erzielen – mit heißen Ondulier-Eisen. Das Haar hielt einigermaßen – solange es nicht regnete, kein Nebel aufzog oder die Trägerin nicht ins Schwitzen kam.

Inspiration und Antwort fand Nessler in der Natur. »In der Frühe fand ich die gelockten Zweige voll von Feuchtigkeit«, notierte er mit mehr als nur einem leichten Anflug von Lyrik in seinem Tagebuch. »Der Morgentau hatte sich in ihre Zellen geflüchtet, sie ausgefüllt. Dann aber entzog die aufsteigende Sonne den Pflanzen ihre Feuchtigkeit und der Wuchs streckte sich gerade.«

Aus der poetischen Betrachtung zog Nessler seine Schlüsse für die praktische Nutzanwendung: »Wenn man glattes Haar aufbrechen und porös machen könnte, vielleicht könnte man es dann auch in Locken legen?«

Die ersten Tests an seinem Versuchskaninchen Katharina Laible aber verliefen alles andere als lyrisch. Anstatt sich aufzurollen, fielen ihr die Haare in dicken Büscheln aus. Obendrein zog sie sich schmerzhafte Brandblasen zu, und die Versuche mussten aufgeschoben werden, bis wieder Haare nachgewachsen und die Wunden verheilt waren. Es grenzte an ein Wunder, dass Katharina nicht nur – im wahrsten Sinn des Wortes – weiter ihren Kopf hinhielt, sondern ihrem Carl auch als Ehefrau die Treue hielt.

Aber die Geduld zahlte sich aus. Sobald Nessler sein Verfahren perfektioniert hatte, ging er nach London, wo er 1910 ein Patent auf seine »Permanent Wave Machine« anmeldete. Er eröffnete einen Salon in der Oxford Street. Der Schustersohn aus dem Schwarzwald schien es also geschafft zu haben. Doch nach dem Ausbruch des Ersten Weltkrieges wurde auch Nessler ein Opfer des britischen Deutschen-Hasses. Nachdem er 1915 enteignet und kurzfristig interniert worden war, wanderte er mit seiner Frau nach New York aus. Dort eröffnete er zwei Salons in bester Lage: am Broadway und an der feinen Fifth Avenue. Ins Schaufenster stellte er ein Aquarium. In ihm schwammen keine Fische, sondern eine einzelne Locke – dauerhaft und formvollendet gewellt.

Nachahmung, so sagt man, sei die ehrlichste Form

der Schmeichelei, aber in der Geschäftswelt kann man keine Kopien gebrauchen: Immer mehr Friseure brachten Imitationen von Nesslers Dauerwellenapparat auf den Markt. Doch der Deutsche klagte nicht etwa vor Gericht. Stattdessen entwickelte er ein Heimgerät, mit dem sich jede Frau zu Hause Dauerwellen legen konnte. Spätestens jetzt war Nessler ein gemachter Mann.

Die Brille verschaffte Europa ganz nebenbei einen technologischen Vorsprung vor der islamischen Welt, der oft unterschätzt wird. Denn obwohl der arabische Wissenschaftler Alhazen schon 1040 detailliert die vergrößernde Wirkung von Lesesteinen beschrieben hatte, entwickelte die arabische Welt diese Lesehilfen erstaunlicherweise nicht. Europa hatte deshalb mehr als 300 Jahre lang ein Monopol auf Brillen – und verlängerte so das Arbeitsleben von Schreibern, Gelehrten, Uhrmachern, Goldschmieden und Werkzeugmachern. Damit verdoppelte sich die Zahl qualifizierter Fachleute, ganz zu schweigen davon, dass ein Leben lang gesammelte Erfahrung, Geschick und Routine auch im Alter nutzbringend eingesetzt werden konnten.

Nur auf eine aus heutiger Sicht eigentlich naheliegende Idee kam lange Zeit niemand: nämlich, dass man die Brille mit Bügeln versehen und hinter den Ohren rutschfest verankern könnte. Diesen Einfall hatte erst der Brite Edward Scarlett im Jahre 1727. Erstaunlicherweise dauerte es noch mehrere Jahrzehnte, bis sich sein Modell durchsetzte. Die Mehrzahl der Brillenträger, vielleicht grundsätzlich konservativ eingestellt, zogen weiter Zwicker, Monokel oder Lorgnons vor.

Verwegene Balkanmode: Der Schlips

Gorillas tragen zwar keine Krawatten, aber manchmal benehmen sich Spitzenmanager mit Schlips und Kragen auch nicht anders als die Bewohner des Urwalds. Denn wenn sie angeben wollen, deuten beide Gruppen auf ihre Brust: Die einen trommeln mit den Fäusten auf sie ein, die anderen tun so, als ob sie ihre Krawatte zurechtziehen müssten.

Es kommt ja nicht von ungefähr, dass man sich im Deutschen in die Brust wirft oder sich etwas an die Brust heftet, wenn man sich mit einer Sache brüsten will. Denn in der Brust schlägt das Herz, und daher galt dieser Körperteil schon immer als Sitz starker Gefühle – der Tapferkeit ebenso wie der Stärke, aber auch der Liebe.

Dies aber ist auch der Grund, weshalb nicht nur Affen auf die Brust deuten, sondern auch Autoritätspersonen zu allen Zeiten ihre Brust mit irgendwelchem Schmuck behängten: mit Ketten, Kreuzen oder eben auch Krawatten. Zugegeben, ein quergestreifter Nylonschlips fällt etwas ab gegen den Brustschmuck aus massivem Gold und funkelnden Edelsteinen, den sich beispielsweise ein indischer Kali-Priester um den Hals hängt. Aber auch wenn es schwerfällt, sich das vorzustellen: Die Krawatte ist ein fernes Echo jener prächtigen Ornamente, die einst Wohlstand, Macht und Einfluss symbolisierten.

Sicher, meist haben sich Menschen aus eher praktischen, um nicht zu sagen banalen Gründen ein Stück
Stoff um die Kehle gewickelt. Römische Redner hielten sich so den Hals warm. Römische Legionäre und
chinesische Soldaten stopften sich weiches Material
zwischen Hals und Brustpanzer, um lästiges Scheuern
und ein Aufkratzen der empfindlichen Haut zu ver-
hindern.

Die Krawatte aber verfolgt keinen praktischen
Zweck, abgesehen davon, dass sie manchmal einen
Fettfleck auf dem Hemd kaschieren kann. Eine Kra-
watte wird meist aus einem anderen Grund getragen:
Sie weist ihren Träger als etwas Besseres aus. Kein
Bauer würde sich eine Krawatte zum Pflügen umbin-
den, und bei der Arbeit an Maschinen und Fließbän-
dern wäre sie unter Umständen sogar lebensgefährlich.

Im Englischen macht man nicht von ungefähr die
Unterscheidung zwischen proletarischen »blue collar«- und gutbürgerlichen »white collar«-Jobs: Der
Kragen des blauen Overalls bleibt offen, der gestärkte
weiße Hemdenkragen wird mit einem Selbstbinder
festgeknotet.

Ihr Leben begann die moderne Krawatte als Halstuch, das die Mitglieder einer Bande von kroatischen
Halsabschneidern und Halunken trugen. Wenn sie
nicht gerade auf eigene Rechnung Reisenden auflau-
erten, vermieteten sie ihre Dienste an den am besten
bezahlenden Auftraggeber. Mitte des 17. Jahrhunderts
war dies Frankreichs Sonnenkönig Ludwig XIV., den
die Kroaten bei seinen Feldzügen unterstützten. Zum
Dank gliederte er ihre Verbände als eigenständiges
Regiment der »Cravattes Royales«, der Königlichen
Kroaten, in seine Armee ein.

Mit der Zeit verband man mit dem Wort »cravatte« weniger die Soldaten als ihr Halstuch, das sich immer mehr als modisches Accessoire auch außerhalb des Militärs durchzusetzen begann. Dabei unterlagen nicht nur Farben, Muster und Materialien von Anfang an dem Diktat der Mode, sondern auch der Knoten: mal leicht geschlungen, mal doppelt geschürzt, mal so hoch, dass der Träger kaum mehr nicken konnte, und mal so dick geschnürt, dass er gegen den Hals gerichtete Degenstöße abfedern konnte.

Die meisten Männer beherrschen heute nur einen einzigen Knoten – den einfachen *Four in Hand*. Manchen gelingt noch der halbe oder der volle Windsorknoten – die übrigens entgegen einem Gerücht nicht vom Herzog von Windsor (dem kurz regierenden König Eduard VIII.) erfunden, sondern von ihm lediglich verwendet wurden. Was die wenigsten wissen, ist, dass es insgesamt 20 verschiedene Arten gibt, einen Schlips zu binden. Ein amerikanischer Experte hat sogar 85 verschiedene Versionen ausfindig gemacht, wie man einen dieser Knoten bilden kann – eine Zahl, die schon fast dem Segelsport Konkurrenz machen könnte.

Dass Krawatten unten spitz zulaufen, ist übrigens erst eine Neuerung des 20. Jahrhunderts. Bis dahin waren sie rechteckig abgeschnitten, so wie heute noch gestrickte Schlipse. Der spitze Winkel aber macht den Stoff unempfindlicher gegen häufiges Binden und maximiert die natürliche Elastizität von Seide, heißt es in der Branche.

Die Spitze erklärt auch, warum die Streifen – noch immer das beliebteste Motiv – diagonal verlaufen. Auf den Stoffballen sind diese Streifen horizontal; erst der schräge Schnitt verleiht ihnen den Winkel.

An diesen Streifen kann man übrigens bis heute ablesen, ob eine Krawatte aus Europa kommt oder aus Amerika. In den USA verlaufen die Streifen von links oben nach rechts unten, in Europa in der entgegengesetzten Richtung. Dahinter versteckt sich freilich keine geheime Zeichensprache, sondern ein banaler Grund. Amerikanische Schlipsproduzenten schneiden den Stoff mit dem Muster nach oben zurecht; in Europa liegt beim Zuschnitt der Stoff andersherum.

Stille Helden

Ida Rosenthal (1886–1973)

Dorfrabbiner im zaristischen Russland genossen zwar Ansehen in ihrer Gemeinde, viel Geld aber verdienten sie nie. In der Familie der kleinen Ida Kaganowitsch in dem weißrussischen Dörfchen Rakow bei Minsk war es denn auch die Mutter, die den Lebensunterhalt als Näherin verdiente. Und es war nur logisch, dass Ida mit sechzehn nach Warschau geschickt wurde, um dort ebenfalls das Schneidern zu erlernen.

Weniger logisch oder gar selbstverständlich war, was dann geschah. Denn die Rabbinertochter begann nicht etwa, brav Kleider zu nähen; sie geriet vielmehr in den Strudel revolutionärer Bewegungen, die damals überall im Land im Gange waren. Darüber hinaus verliebte sie sich in einen jungen marxistischen Heißsporn namens Wilhelm Rosenthal und engagierte sich für die Rechte der Frauen. Sie konnte damals noch nicht ah-

nen, dass sie die Frauen eines Tages wirklich befreien würde – wenn auch nicht im politischen Sinne und nicht in ihrer russischen Heimat, sondern in Amerika.

Dorthin war sie mit ihrem frisch angetrauten Ehemann Wilhelm 1905, nach der gescheiterten Revolution gegen den Zaren, ausgewandert. In New York angekommen, kaufte sie sich als Erstes eine Singer-Nähmaschine und begann zu schneidern. Sieben Jahre später beschäftigte sie bereits sechs Näherinnen, 1919 arbeiteten schon fünfzehn Frauen für sie, nachdem sie zusätzliche Zimmer angemietet hatte.

Eine ihrer zufriedenen Kundinnen vermittelte einen Kontakt zu Enid Bissett, die eine gefragte Boutique in der 47. Straße betrieb. Enid hatte sich schon immer über die altmodischen und engen Korsetts geärgert, in die Frauen nun schon seit Jahrhunderten gezwängt wurden.

Angeblich war dieses Kleidungsstück von Katharina von Medici 1550 erfunden worden, weil sie gerne von Hofdamen mit schmalen Taillen umgeben sein wollte. Enid Bissett aber wollte den weiblichen Körper aus dieser Zwangsjacke befreien, wenn auch – mit Blick auf die mitunter überquellenden Busen – nicht allzu frei.

Die Boutiquenbesitzerin lag mit ihrer Meinung voll im Trend. Immer mehr Frauen verweigerten das Tragen eines Korsetts, und das nicht nur, weil man neue Modetänze wie den Tango in ihnen nicht tanzen konnte.

Der laszive Tanz war nur ein Symbol der neuen Freiheit, die Europas und Amerikas Frauen in den Jahren *des Weltkrieges errungen hatten, als sie mehr und mehr die Rollen der an die Front entsandten Männer übernahmen. Womens' Liberation, die Befreiung der Frau von männlicher Bevormundung, sollte zwar noch mehrere Jahrzehnte bis zu ihrer Verwirklichung brauchen, aufzuhalten war sie aber nicht mehr.*

Indirekt Schützenhilfe erhielten die Feministinnen ausgerechnet vom amerikanischen Verteidigungsministerium. Die USA waren in den Ersten Weltkrieg eingetreten, und das Pentagon und die Rüstungsindustrie benötigten Unmengen von Stahl. Dies aber war das Material, aus dem die Streben gefertigt waren, die nicht nur einem Zerstörer, sondern auch einem Korsett Stabilität verliehen. Als der US-Industrielle Bernard Baruch daher an die Amerikanerinnen appellierte, ihre Unterwäsche dem Krieg zu opfern, da ließen die sich das nicht zweimal sagen: Insgesamt 28 000 Tonnen Stahl aus den Leibpanzern kamen zusammen, genug für zwei komplette Schlachtschiffe.

Damit aber war noch nicht das Problem der nun ungestützten Brust gelöst. Enid Bissett nähte eine Art von Proto-Büstenhalter, der allerdings an eine schlichte Bandage erinnerte und die Brust fest an den Brustkorb quetschte.

Wilhelm Rosenthal, Idas Ehemann und mit bildhauerischen Fähigkeiten begabt, machte sich daran, eine bessere Version zu entwerfen. Er erschuf die Körbchen, gab ihnen verschiedene Größen und nummerierte sie durch. Nicht mit Ziffern, sondern mit Buchstaben – von A bis D, wie sie bis heute gelten.

Ehefrau Ida, die eine florierende Partnerschaft mit

Enid Bissett eingegangen war, nähte die neuen »brassières«, wie sie genannt wurden, zunächst direkt in die Kleider ein, die sie verkaufte. Doch schon bald verlangten die Kundinnen den Büstenhalter einzeln. Sie wollten ihn auch unter Blusen und Pullovern tragen. Anfangs legte Ida jedem Kleid einen BH gratis bei, dann verlangte sie einen Dollar pro Stück, und schließlich hängte sie die Schneiderei ganz an den Nagel. Unter dem Markennamen »Maidenform« produzierte sie ausschließlich Büstenhalter.

Es waren die Kundinnen, die sich durch das neue Kleidungsstück befreit fühlten und ihm deshalb zum Durchbruch verhalfen. Denn die traditionellen Bekleidungshäuser und Geschäfte mokierten sich zu Beginn über den BH. »Unser BH war das Gegenteil von Mode«, erinnerte sich einer von Ida Rosenthals Verkäufern. »Man lachte über den Büstenhalter, so wie man über die Idee lachte, zum Mond zu fahren.«

Seitdem hat der Mensch bekanntlich den Mond betreten, und Ida Rosenthals BH-Verkäufe wuchsen ebenfalls bis in den Himmel. Bis heute ist Maidenform Marktführer bei Büstenhaltern in Amerika.

Vom Lagerfeuer zur Mikrowelle:
Kulinarisches

Selten zeigen Menschen mehr Phantasie als dann, wenn es darum geht, sich möglichst bizarre und grausame Strafen für andere Menschen auszudenken. Und wenn sich die Möglichkeit bietet, solche Strafen Göttern oder anderen höheren Wesen anzudichten, sind der Phantasie überhaupt keine Grenzen mehr gesetzt.

Man denke nur an den armen Prometheus. Auf ewig verdammt hängt er da in schwindelerregender Höhe, festgeschmiedet an einer Bergwand im Kaukasus, deren einziger Vorteil eine schöne Aussicht ist. Aber auch die nutzt sich ab, wenn man jahrhundertelang nichts anderes zu sehen bekommt.

Doch damit nicht genug der Strafe. Anstatt selbst regelmäßig eine Mahlzeit zu erhalten, kommt jeden Tag ein Adler vorbei, reißt ihm den Leib auf, rupft die Leber heraus und verspeist sie genüsslich. Und weil das Ganze eine Götterstrafe ist, wächst ihm das Organ zuverlässig wieder nach, so dass sich der Raubvogel am nächsten Tag wieder daran laben kann.

Ganz schön perfide.

Und warum wurde Prometheus von den Göttern auf diese Weise gestraft? Weil er sich erdreistet hatte, ihnen das Feuer zu stehlen und es den Menschen zu schenken. Heute wird noch nicht einmal Brandstiftung in schweren Fällen derart abartig geahndet.

Der Mythos zeigt, für wie bahnbrechend und revolutionär die Menschen zu allen Zeiten die Kontrolle über das Feuer bewerteten. Das war nicht irgendeine belanglose Gabe der Götter wie, sagen wir, Nektar und Ambrosia. Das war ein Instrument der absoluten Macht, das die Götter eigentlich für sich selbst reserviert hatten und das nun unverhofft den Menschen in den Rang eines gottähnlichen Wesens erhob.

Diese Sichtweise war nicht auf Europa beschränkt: Auch in der Mythologie anderer Kulturen zwischen Asien und Nordamerika musste der Mensch das Feuer den Göttern entweder klammheimlich abluchsen oder frech rauben. Selbst im Christentum klingt dieser Aspekt noch an. Ein Beiname des Teufels ist Luzifer – zu Deutsch: der Bringer des Lichtes.

Und es stimmt ja auch: Erst das Feuer hat den Menschen wirklich zum Herrn über den Globus gemacht. »Durch das Feuer hat der Mensch die Natur gezähmt«, hat Jean-Anthelme Brillat-Savarin einst geschrieben. Der Franzose hatte ein enges Verhältnis zum Feuer, schließlich war er einer der Götter der französischen Kochkunst des 19. Jahrhunderts, der dringend darauf angewiesen war, dass die Herde der von ihm mit schöner Regelmäßigkeit frequentierten Restaurants immer auf Hochtouren liefen. Als eingefleischter Gourmet verfasste er mehrere Kochbücher und darüber hinaus ein Standardwerk über das Essen, die »Physiologie des Geschmacks«. Viele seiner philosophischen Beobachtungen sind in die Alltagssprache eingegangen, darunter nicht zuletzt auch jener Ausspruch, mit dem man Fast-Food-Anhänger zu schrecken und zu gesunder Naturkost zu bekehren versucht: Du bist, was du isst.

Machte das Feuer den Menschen zum Herrn über die Erde, so kann man allerdings ebenso gut argumentieren, dass ihn diese Fähigkeit gleichzeitig zum Totengräber des Planeten machte. Denn Flammen wollen gefüttert werden – egal ob mit Holz, Kohle, Erdöl oder Uran. Die Energiekrise und die Ausbeutung und Vergiftung der Natur begannen nicht erst mit der industriellen Revolution oder der Erfindung des Ottomotors. Nein, der Sündenfall erfolgte früher, viel früher – als der erste Mensch zwei Holzstäbe aneinanderrieb oder Funken aus einem Feuerstein schlug.

Tiere brauchen Nahrung, Wasser und einen Bau oder ein Nest, in dem sie sich vor Wind und Wetter schützen können. Auch der Mensch hat diese Grundbedürfnisse, doch im Gegensatz zur Tierwelt braucht er zusätzlich noch das Feuer, mit anderen Worten: Energie – und die klauben und rauben wir uns von überall her zusammen. Heute mag es zwar in Batterien, Boilern, Motoren und Reaktoren versteckt sein: Aber noch immer ist es das Feuer, das uns unseren Wohlstand und vor allem unser Wohlleben ermöglicht, durch Wärme, Licht, Schutz und nicht zuletzt Nahrung, die nach Erkenntnis neuerer japanischer und britischer Studien offenbar energiereicher wird, wenn man sie kocht. Daher war das Kochen vermutlich die zweite große Erfindung der Menschheit nach der Zähmung des Feuers.

Aber seit wann beherrscht der Mensch bzw. einer seiner Vorläufer wie Homo habilis oder Homo erectus das Feuer? Die frühesten Indizien für künstliche Feuererzeugung wurden in der Nähe von Swartskrans in Südafrika entdeckt. Archäologen legten Tierknochen frei, die eindeutig Brandspuren aufwiesen und deren

Alter auf ein bis 1,5 Millionen Jahre bestimmt werden konnte. Eine hundertprozentige Sicherheit, dass hier Hominiden ihre Hand im Spiel hatten, gibt es freilich nicht: Die Tiere hätten ebenso gut bei einem Waldbrand oder bei einer anderen Naturkatastrophe ums Leben kommen können.

Sehr viel zuverlässiger sind Beweise für eine Beherrschung des Feuers durch den Menschen, die bei Ausgrabungen in Gesher Benot Ya'akov am Jordan freigelegt wurden. Angebrannte Samenkerne, angekokelte Holzscheite und Steinmesser erlauben zweifelsfrei den Schluss, dass hier vor 790 000 Jahren gezündelt wurde. Mehr noch: Dies könnte der Ort der ersten wissenschaftlich nachweisbaren Küche der Menschheitsgeschichte gewesen sein. Die Mutter aller Poggenpohls, sozusagen.

Bewegt man sich weiter Richtung Gegenwart, so nimmt die Anzahl der Belege zu. Vor 400 000 Jahren entzündete Homo heidelbergensis in der heutigen ostenglischen Grafschaft Suffolk Lagerfeuer, auf denen er selbsterlegtes Wild briet oder kochte. In der Hayonim-Höhle in Israel entdeckte man den ersten Herd der Geschichte. Und Vorfahren von uns in der Gegend der heutigen Dordogne hatten sich bereits vor 40 000 Jahren einen frühen Tauchsieder gebastelt: Sie warfen erhitzte Kiesel ins Wasser, um es zu erwärmen oder zum Kochen zu bringen.

Welche Phantasie Menschen aufbringen, um rohe Zutaten gastronomisch zu verfeinern, lässt sich zum Teil noch heute verfolgen. Australische Ureinwohner beispielsweise bereiten Rühreier noch immer auf dieselbe Weise zu wie ihre Vorfahren vor Tausenden von Jahren: Sie klauen einem Emu die Eier aus dem Nest und werfen sie zunächst ein paarmal hoch in die Luft, damit der Inhalt gut durchgemischt wird. Dann vergraben sie die Eier in glühend heißem Sand und warten ab. Das Ergebnis, so sagt man, sei wohlschmeckender als so manches Rührei in einem englischen Nobelhotel.

In diesem Zusammenhang wollen wir rasch eine Lanze für den Neandertaler brechen, der ja leider meist eine schlechte Presse hat als barbarischer Primitivling, im Gegensatz zum vermeintlich so viel höherstehenden frühen Homo sapiens.

Jüngste Forschungen haben ergeben, dass die Neandertaler es durchaus mit ihren hominiden Rivalen aufnehmen konnten, auf alle Fälle im gastronomischen Bereich. Hatte man bisher angenommen, dass Homo neanderthalensis sich weitgehend von rohen Büffelsteaks ernährte, die er methodisch zu einem blutigen Brei weichkaute, so ergaben Forschungen an Zähnen und Kiefern ein anderes Ernährungsbild. (Für alle, die es genau wissen wollen: Die Archäologen nahmen versteinerten Zahnstein von Neandertaler-Skeletten unter Lupe und Mikroskop.)

Die Untersuchungen enthüllten, dass Neandertaler ein reiches Sortiment an Pflanzen und Früchten verzehrten, darunter derartig exotische Delikatessen wie Wasserlilien. Weitaus erstaunlicher war die Erkenntnis, dass eine ganze Reihe dieser Nahrungsmittel ganz offensichtlich in heißem Wasser gekocht wurde.

Aber wozu sollte man überhaupt kochen? Schließlich kommt der Rest der Tierwelt völlig problemlos allein mit rohen Zutaten aus. Eine Ausnahme sind Elefanten, von denen bekannt ist, dass sie sich gerne an vergorenen Früchten berauschen. Aber den Sprung vom trinkenden Zufallskonsumenten zum brauenden oder kelternden Produzenten hat noch kein Elefant geschafft.

Kleiner Exkurs

Ansehnlich sieht er ja nicht aus, der Kaiserschmarrn, aber wie er schmeckt! Um den Namen des zerrupften Pfannkuchens mit Rosinen und Puderzucker ranken sich gleich mehrere Legenden. Eine besagt, dass der österreichische Kaiser Franz Joseph I. bei einem Jagdausflug einen Holzfällerschmarrn vorgesetzt bekam – eigentlich ein billiges Armeleutegericht aus Eiern, Milch und Mehl. Zu Ehren seiner Majestät aber sei er mit allerlei leckeren Zutaten verfeinert worden – ein Schmarrn mithin, der eines Kaisers würdig war. Nach einer anderen Überlieferung ließ sich Franz Joseph zum Nachtisch gerne einen Palatschinken auftragen. Gelangen diese dem Koch nicht, so wurden sie kleingerissen und an das Küchenpersonal verfüttert: »A Schmarrn, des dem Kaiser zu servier'n.«

Auch in der Gattung Homo sapiens gibt es Vertreter einer Denkschule, die auf Rohkost schwören, weil sie die einzige natürliche und daher gesunde Ernährung sei. Der englische romantische Dichter Percy Bysshe Shelley beispielsweise lehnte jegliche Art von gekochter Nahrung besonders scharf ab. Allerdings nicht aus Gesundheitsgründen oder aus Sorge um die schlanke

Linie. Shelley führte gewaltige politische Argumente ins Feld.

Kochen, so urteilte er ohne nähere Angaben apodiktisch, habe zu »Tyrannei, Aberglauben, Handel und Ungleichheit« geführt, unter welchen die Menschheit leide. Dass der Kommerz Aufnahme in diese Aufstellung fand, mag ein wenig überraschen. Andererseits gehörte Mister Shelley einer gesellschaftlichen Klasse an, die ihren Besitz ordentlich ererbt hatte und daher leicht verächtlich auf alle Krämerseelen herabblickte.

Alles in allem war diese Anschauung zwar starker Tobak, aber in sich war Shelleys Logik schon irgendwie schlüssig. Er selbst gelangte vom Vegetarismus zur Verteidigung der Rohkost. (Nebenbei bemerkt: Nicht alle Rohköstler sind Vegetarier; manche delektieren sich an halbgefrorenem Knochenmark und anderen ähnlichen Delikatessen.) Shelley lehnte aber den Genuss von Fleisch als geradezu widernatürlich für unsere Spezies ab. Hätten Gott oder die Natur gewollt, dass wir Tiere essen, so argumentierte er, dann wären wir mit dem entsprechenden Werkzeug ausgestattet worden – sprich: scharfen, spitzen Zähnen, messerartigen Krallen und mächtigen Kiefern, um ein erlegtes Wild zu zerreißen und weichkauen zu können. Wäre die Menschheit nicht auf den Trick mit dem Kochen verfallen, so die Schlussfolgerung des Dichters, wären wir friedliche Grasfresser geblieben. Ergo: Der heimische Herd ist die Brutstätte aller Gewalt.

Nun ist die Vorstellung, dass unsere frühen feuerlosen Vorfahren friedliche Grasfresser waren wie Hasen oder Rinder, ebenso naiv und weltfremd wie falsch. Natürlich jagten und verzehrten sie Wild, wenn auch

Samen, Beeren, Kräuter und Früchte den Hauptbestandteil ihrer Ernährung ausmachten. Aber wenn sie es sich hätten aussuchen können, dann wäre ihnen ein saftiges Steak vermutlich lieber gewesen als ein Stück krümeliger Baumborke. Doch ein Jäger, der frühmorgens mit der Steinaxt in der Pranke seine Höhle verlässt, weiß nicht, ob er am Abend mit Beute zurückkehren wird. Dann ist es tatsächlich gut, wenn in der Zwischenzeit seine Frau, wenn man so will, ein paar fleischlose Vorräte angelegt hat.

Dass unsere Beißwerkzeuge so klein und vergleichsweise zierlich sind, wie Shelley richtig feststellte, liegt tatsächlich am Kochen. Wie klein unsere Münder sind, bemerkt man erst, wenn man einem Schimpansen beim Fressen zusieht. Obwohl er nur halb so groß ist wie ein erwachsener Mensch, zwängt er locker doppelt so viel Fressmasse in sein Maul. Das muss er auch, denn die Rohkost, von der er sich ernährt, verbraucht beim Verdauen eindeutig mehr Energie als gekochte Nahrung. Entsprechend mehr davon muss er zu sich nehmen.

Ein Nebenprodukt dieses Umstandes ist, dass Tiere einen großen Teil ihres Lebens damit verbringen, zu kauen und zu verdauen. Entsprechend voluminös sind ihre Mägen und Därme und entsprechend winzig die des Menschen. Ein Schimpanse etwa wendet jeden Tag 42 Prozent seiner Zeit während des Wachzustandes zum Kauen auf. Pro Stunde nimmt er dabei kümmerliche 300 Kalorien zu sich. Bei Weight Watchers wäre man neidisch, denn ein Mensch braucht nur fünf Prozent seines täglichen Zeitbudgets zum Essen, wobei pro Stunde bis zu 2500 Kalorien in seinem Schlund verschwinden können.

Wer nicht die ganze Zeit damit vertrödeln muss, rohe Fasern kleinzukauen und zu verdauen, dem bleibt Zeit für andere Tätigkeiten: Er kann länger jagen, sich den Kopf über zeit- und arbeitssparende Erfindungen zerbrechen, bunte Bilder an Höhlenwände malen, oder er kann es sich einfach auf der Haut eines erlegten Bären bequem machen und mit den Kumpels Jägererfahrungen austauschen.

Dass Letzteres möglich ist, geht nach Meinung mancher Wissenschaftler ebenfalls auf die Kochkunst zurück: Erst unsere kleinen Münder, meinen sie, hätten die Entwicklung der Sprache ermöglicht. Löwen oder Nilpferde, soll das heißen, würden ihre Zungen und Zähne nie dazu bringen können, ein vollmundiges »Ö« oder ein englisches gelispeltes »th« auszusprechen.

Die Vorliebe für ein paniertes Wiener Schnitzel anstelle eines Lappen rohen Fleischs, für ein Gemüse-Risotto anstelle von ein paar Stengeln Lauch oder Karotten ist übrigens nicht auf den Menschen beschränkt. Auch Tiere, inklusive Insekten, ziehen – wenn sie die Wahl haben – allemal ein liebevoll gekochtes Mahl vor. Dazu bedarf es noch nicht einmal wissenschaftlicher Untersuchungen. Jeder Hundebesitzer kann bestätigen, dass sein Liebling im Zweifel die gegrillte Wurst dem rohen Produkt vorzieht.

Warum das so ist? Den Hund kann man zwar nicht fragen, aber glücklicherweise ist mit einigen Tieren ein Gespräch möglich. Ein Gorilla namens Koko etwa beherrscht ein genügend großes Vokabular an Zeichensprache, um sich unterhalten zu können. Routinemäßig fragte ihn sein Pfleger, was er denn zum Abendessen wünsche: Ein paar Blätter und Wurzeln roh, oder das Ganze fein gedünstet und mit Gewürzen abgeschmeckt? Selbstverständlich entschied sich Koko für das letztere Gericht. Auf die Frage, warum das so sei, antwortete er wie in einem Werbespruch: »Weil's besser schmeckt.« Ein anderer Affe, ein besonders talentierter Bonobo, erweiterte gar aus eigenem Antrieb sein Vokabular, als er sein Lieblingsgericht bestellen wollte: Er hängte die Zeichen für rund, Brot und Tomate aneinander. Übersetzung: Pizza.

Bleibt die Frage, wie der Mensch die Vorzüge gesottener, gebratener, gekochter oder gedünsteter Nahrungsmittel kennenlernte. Niemand von uns war dabei, als das erste Steak gebraten, die erste Suppe angerührt wurde. Aber man kann wohl davon ausgehen, dass es einem Zufall zu verdanken war. Man kann sich das etwa so vorstellen: Da saß eine Gruppe von Homo-habilis-Männern und -Frauen rings um ein Feuer und kaute lustlos auf einem Stück Borke herum. »Wirf mir doch mal einen Mammutknochen rüber«, grunzte einer von ihnen. Der Knochen aber flog nicht weit genug und verschwand in den Flammen, worauf sich der Werfer ein paar wüste Beschimpfungen anhören musste.

Doch als das Feuer niedergebrannt war, grub einer den verkohlten Knochen aus der Asche hervor. Er war neugierig geworden, weil ihm ein Duft in die Nase gestiegen war, für den er noch kein Wort hatte, der ihm aber das Wasser im Munde zusammenlaufen ließ. Vorsichtig leckte und knabberte er an dem Knochen herum – und der erste zufriedene Esser von gebratenem Fleisch war geboren.

Kleiner Exkurs

Trotz seines Namens soll es selbstverständlich dampfend warm aufgetragen werden und nicht eisig kalt. Aber wie kam das Eisbein zu seinem frostigen Namen? Stimmt es, dass die norwegische Sprache Pate stand, die Sprache eines Landes, wo man in alten Zeiten angeblich die Schienbeine von Rentieren – norwegisch »islegg« – als Material für Schlittschuhkufen bevorzugte? Wohl kaum. Wahrscheinlicher ist, dass die norddeutsche Variante der bayerischen Schweinehaxe mit dem Ischias verwandt ist. Ischia ist im Lateinischen das Hüftgelenk, und aus dieser Sprache entlehnte die althochdeutsche Jägersprache das »isben« – mit langem i und langem e gesprochen –, übersetzt das Hüftbein.

Im Grunde genommen braucht man ja gar kein Lagerfeuer, um sich eine heiße Mahlzeit zuzubereiten, wie die australischen Aborigines mit ihren durch die Luft gewirbelten Emu-Eiern oder die Dordogne-Anrainer mit ihrem Ur-Tauchsieder bewiesen haben. Zur Not ersetzt schon ein von der Sonne erhitzter flacher Stein eine Herdplatte. Gut denkbar, dass das Spiegelei auf diese Weise entstand, als jemandem ein Ei über einem glühenden Felsen zerbrach.

Warum die deutsche Sprache, dies nur nebenbei bemerkt, ein gebratenes Ei mit einem Spiegel vergleicht, ist ein Rätsel. Noch niemand hat eine befriedigende Erklärung gefunden, und die Theorie, dass ein Blick auf ein Spiegelei einem Blick in den Spiegel gleiche, kann bestenfalls von einem gelben Smiley-Face aufgestellt worden sein.

Wie auch immer die ersten Schritte ausgesehen haben mögen, die vom Blätterkauen zum Sautieren von Blättern führten, die Wandlung zum kochenden Affen verschaffte dem Menschen einen gewaltigen evolutionären Schub. Nicht von ungefähr bezeichnete Charles Darwin die Kochkunst als »die wahrscheinlich größte Entdeckung der Menschheit mit Ausnahme der Sprache«. Aber auch die scheint ja, wie wir gesehen haben, ein Nebenprodukt zart gedünsteter Nahrung gewesen zu sein.

Der Anthropologe Richard Wrangham vertritt sogar die Meinung, dass uns Kochen klüger macht. Unser Gehirn benötigt Glukose, und zwar in ähnlich umfangreichen Mengen, wie ein Formel-1-Rennwagen Sprit verbrennt. Schon im Ruhezustand verbrauchen unsere grauen Zellen 20 Prozent der gesamten Stoffwechselrate unseres Körpers; bei Stress oder kniffligen Denksportaufgaben erhöht sich dieser Anteil dramatisch. Einen derartigen Energieschub aber bekommt man nicht, indem man rohes Mark aus einem Knochen pult oder mit den Weisheitszähnen Bambussprossen zermahlt.

Erst die chemischen Veränderungen durch die Zufuhr von Hitze erzeugen die notwendigen Glukosemengen.

Außerdem hat uns das Kochen ganz offenkundig zu sozialen Kreaturen gemacht, indem es uns am Feuer, sprich: am heimischen Herd, zusammenführte. Es erzwingt darüber hinaus soziale Koordination, und sei es nur, dass immer jemand abgestellt sein muss, der das Feuer hütet. Bemerkenswert im Vergleich zum

Rest der Tierwelt ist zudem, dass der Mensch bereit ist, sein Essen mit anderen zu teilen. Im Gegensatz zu uns verteidigen Affen ihre Banane, Hunde ihren Knochen, Löwen ihre Antilope bis aufs Blut gegen uneingeladene Mitesser.

Die Bereitschaft, Essen abzugeben, ist umso erstaunlicher, als gekochte Nahrung wertvoller ist als rohe Kost. Sie wird durch diesen Prozess schmackhafter, energiereicher und in vielen Fällen auch haltbarer. Karl Marx nannte dies, wenn auch nicht primär im gastronomischen Sinn, den Mehrwert.

Glaubt man Richard Wrangham, dann hat auch die traditionelle Rollenverteilung von Mann und Frau mit dem Kochen begonnen. Männer konnten mehr Zeit bei der Jagd zubringen, wenn sie wussten, dass am Ende des Tages eine warme Mahlzeit mit ausreichend Kalorien auf sie wartete. Frauen wiederum hatten schon damals mehr zu tun als ihre Männer. Denn neben der Zubereitung des Essens, der Aufzucht des Nachwuchses und der Herstellung von Kleidung wurde selbstverständlich von ihnen erwartet, dass sie den Speisezettel mit Beeren, Früchten und Kräutern ergänzten, die sie sammeln mussten. Bügelwäsche fiel zwar vermutlich noch nicht an, aber die neuen Hosen aus Kojotenfell nähten sich natürlich auch nicht von selbst.

Der Beitrag der Frau zum täglichen Speisezettel war unabdingbar, weil der Jagderfolg der Männer eben vom Jagdglück abhing. Die Samen-und-Beeren-Diät der sammelnden Frauen aber war gleichzeitig auch langweilig, weil vorhersehbar und monoton. Jubel brach im Lager nur aus, wenn die Jagdgesellschaft fette Beute anschleppte. Zum dritten Mal hintereinander Nesselsuppe löste hingegen verständlicherweise kaum Begeisterung aus.

Im Prinzip hat sich daran bis heute nicht viel geändert. In den meisten Familien steht Mutter am Herd und kocht Bewährtes und Altbekanntes. Wenn aber der Vater sich einmal in die Küche verirrt und sein einziges Spezialgericht brutzelt, dann wird er mit Lob überschüttet und darf sich fühlen wie ein Celebrity-Chef.

Apropos langweilig: Trotz der Vielzahl der nationalen Cuisines ist der Speiseplan der Menschheit im Grunde genommen seit Jahrtausenden ziemlich eintönig geblieben. Untersucht man all die verschiedenen Rezepte auf ihre Zutaten, dann schnurren diese auf eine ziemlich überschaubare Zahl zusammen.

Weltweit sind 500 000 verschiedene Pflanzenarten bekannt, von denen immerhin 30 000 essbar sind. Doch im Laufe ihrer ganzen Geschichte hat die Menschheit gerade einmal kümmerliche hundert Sorten kultiviert und angebaut. Davon sind die Mehrzahl wiederum Exoten, die nur in ihrer jeweiligen unmittelbaren Heimat genossen werden. Übrig bleiben 30 Nutzpflanzen, die 85 Prozent der gesamten pflanzlichen Nahrung stellen, die weltweit vertilgt wird. Doch auch davon sind es nur elf Grundnahrungsmittel, ohne die wir Menschen vermutlich verhungern würden: Mais, Reis, Weizen, Gerste, Hafer, Hirse, Sorghum, Roggen, Kartoffeln, Maniok und Bohnen. Die genetische Manipulation perpetuiert diesen Zustand, da sie keine neuen Nahrungsmittel entwickelt, sondern nur das Bekannte und Bewährte verbessert.

Kleiner Exkurs

Zackig preußischer geht es ja kaum mehr: Der stramme Max könnte, wüsste man es nicht besser, der Name eines Gardesoldaten des Alten Fritz gewesen sein und nicht ein Gericht aus Spiegeleiern und Schinken auf Graubrot. Ganz falsch aber liegt man etymologisch mit dem Hinweis auf den kräftigen und gutgebauten Burschen nicht. Im sächsischen Dialekt war Max schon immer ein Synonym für Penis, und ein strammer Max ist genau das, was man sich darunter vorstellt. Da Eiern aber traditionell eine potenzsteigernde Wirkung zugeschrieben wird, lag es nahe, mit der Speise den frommen Wunsch auf sexuellen Erfolg zu verknüpfen.

Nicht viel abwechslungsreicher sieht es mit unserer tierischen Nahrung aus: Von 4500 diversen Säugetierarten, die weltweit bekannt und katalogisiert sind, hat die Menschheit gerade mal 31 domestiziert. Doch davon ist nur weniger als die Hälfte zum Verzehr bestimmt, wie Schaf, Schwein, Ziege, Kuh, Meerschweinchen, Esel, Wasserbüffel, Pferd, Kamel, Lama und Rentier. Dazu kommen Huhn, Ente und Gans sowie Karpfen, Forelle oder Lachs. Sie alle wurden bereits vor sechs-, acht- oder zehntausend Jahren gezähmt und gezüchtet. Ein Nachzügler war der Truthahn, der etwa 500 vor Christus erstmals domestiziert wurde.

Mit anderen Worten: Wir essen im Prinzip nichts anderes als unsere Vorfahren in der Steinzeit. Nur die Rezepte haben sich, zum Glück, verändert und verfeinert. Babylon und Ägypten, China und das Inkareich, Athen und Rom – Hochkulturen kamen und vergingen. Sie schufen Kunstwerke, die Schrift und Religionen. Sicher, sie experimentierten auch in der Küche. Aber was die Zutaten betrifft, so hat sich über Jahrtausende kaum etwas verändert. Ein Neandertaler würde die meisten davon wiedererkennen, wenn er sich in ein zeitgenössisches Restaurant verirrte.

Mit Messer und Gabel: Kleine Geschichte des Bestecks

Am Anfang standen Finger und Hände, und wenn man sieht, wie sich die Fast-Food-Kultur entwickelt, dann werden wir zumindest in der westlichen Welt über kurz oder lang wieder auf diese körpereigenen Esswerkzeuge zurückfallen. Ob Burger, Pizzas, Tacos oder Sandwichs – sie alle haben gemeinsam, dass man kein Besteck, keinen Teller, ja noch nicht einmal einen Tisch braucht, um sie zu verzehren.

Wen das schockiert, der möge eines bedenken: Schon allein die Tatsache, dass die Menschen mit Händen ihre Nahrung zerreißen, kneten und in den Mund stecken, hebt sie über die Mehrzahl anderer Säugetiere hinaus, die Schnauze oder Rüssel ins Futter stecken müssen.

Irgendwann genügten ihm die eigenen Finger aber nicht mehr, und der Mensch ging daran, sich Werkzeuge zu fertigen, welche die Funktion der Hände kopieren oder verbessern sollten. Es war eine Entwicklung, an deren Ende das 116-teilige Essbesteck aus rostfreiem Edelstahl mit Käsemessern, Dessertgabeln,

Kaviarlöffeln, Hummerzangen und Schneckenspießen steht.

Dass diese Entwicklung nicht mit einem Gerät wie dem Tortenheber begann, leuchtet ein. Unklar ist aber, was zuerst da war: der Löffel oder das Messer. Die Gabel, so viel weiß man, geriet dem essenden Menschen erst sehr, sehr viel später in die Finger.

Die ältesten bekannten Schneidewerkzeuge wurden bei Grabungen in Äthiopien entdeckt. Das macht schon insofern Sinn, als diese Region als Wiege der Menschheit gilt. Die dort gefundenen scharfkantigen Feuersteine wurden auf ein Alter von 2,6 Millionen Jahren datiert, und sie waren noch immer scharf, als Archäologen sie ausbuddelten. Es handelte sich um einfache Kiesel, auf die man mit einem anderen Kiesel so lange eingehämmert hatte, bis sie entlang einer scharfen Kante splitterten.

Als Essbesteck aber wurden diese Proto-Messer bestimmt nicht herangezogen. Man häutete Wild mit ihnen und zerteilte das Fleisch in Portionen. Gerade weil das Messer in erster Linie als Waffe angesehen wurde, dauerte es sehr lange, bis es beim gemeinsamen Mahl auftauchte, das ja eher als ein friedliches Zusammensein galt. Noch in der Antike benutzte im Wesentlichen nur der Koch in der Küche ein Messer, aber nicht die Gäste bei Tisch.

Genau betrachtet sind die Europäer ohnehin die einzige Kultur, die einander mit Messern bewaffnet bei Tisch gegenübersitzt. In Afrika und im Nahen Osten zieht man bis heute die Hand vor, ergänzt um ein Stück Brot, um nicht direkt in die Soße zu fassen oder sich dabei die Finger zu verbrennen.

In China verbot Konfuzius seinen Anhängern ausdrücklich die Benutzung von Schneidewerkzeugen bei Tisch, weil Messer, wie er meinte, an das Schlachthaus erinnerten. Die Folge war, dass das Essen schon in der Küche in mundgerechte Häppchen aufgeteilt wurde, was wiederum die Erfindung der Essstäbchen ermöglichte. Dies war auch deshalb praktisch, weil in China schon immer ein Mangel an Brennmaterial herrschte. Kleingeschnittene Nahrung aber wird schneller gar als ein ganzer Ochse, den man beispielsweise in Europa an einem Spieß röstete.

Von ihm schnitt sich jeder Gast persönlich eine dicke Scheibe ab – und zwar mit seinem eigenen Messer. (Wer vermutet, dass unsere gleichlautende Redewendung, die besagt, dass man sich jemanden zum Vorbild nimmt, wenn man sich von ihm eine Scheibe abschneidet, daher kommt, der liegt richtig: Das entsprechende Vorbild ist so überlegen, dass der Verlust einer einzigen Scheibe nicht weiter ins Gewicht fällt.) Dieses Messer war ein sehr persönlicher und wertvoller Gegenstand, den der Besitzer sorgsam hütete und regelmäßig schliff, damit er auch stets einsatzbereit war.

Kleiner Exkurs

Italiener, Spanier und Franzosen sind mitunter noch immer ein wenig erstaunt, wenn sie zum ersten Mal ein Päckchen Pumpernickel zu Gesicht bekommen und erfahren, dass man diesen bröckelnd braunen Ziegel nicht im Baumarkt, sondern beim Bäcker erhält. Und selbst der niederländische Humanist Justus Lipsius höhnte im 16. Jahrhundert: »Arm das Volk, das seine Erde essen muss.« Volksetymologisch hält sich daher auch die rührende Geschichte über die Herkunft des lustigen Wortes für das merkwürdige Brot: Das, so habe ein Soldat Napoleons ausgerufen, sei höchstens Fressen für sein Pferd, das auf den Namen Nikel hörte: »Pain pour Nickel«. Das klingt zwar hübsch, ist aber sicher falsch. Vermutlich geht der erste Teil des Wortes – pumpern – auf einen Dialektbegriff für Furzen zurück. Da Vollkornbrot bekanntlich Blähungen fördert, könnte der Begriff auf einen fröhlich furzenden Zeitgenossen namens Niklaus angewandt worden sein – der Pumperniklas.

Ähnliches galt übrigens auch für den Löffel, den wohl friedfertigsten Teil eines herkömmlichen Essbestecks. Auf alten Kupferstichen sieht man manchmal mittelalterliche Landsknechte, in deren Hut ein Löffel steckt. Der war mindestens genauso wichtig wie der Säbel der Soldaten, denn wer keinen Löffel hatte, der musste hungern, weil er beim gemeinsamen Mahl nichts hatte, mit dem er in den Gemeinschaftstopf langen konnte. Selbst im Mittelalter, das in dieser Hinsicht generell etwas lockerer war als unsere Zeit, schickte es sich nicht, mit der Hand die Suppe aus dem Kessel zu schöpfen. Wie wichtig dieser persönliche Gegenstand war, lässt sich an einer Redewendung ablesen, die bis heute gebräuchlich ist: Den Löffel gab man buchstäblich erst dann ab, wenn man im Sterben lag. Es ist gut möglich, dass die prähistorischen Vorläufer des Löffels älter sind als jene des Messers, schließlich ist er nichts anderes als die Nachbildung einer schöpfenden Hand. (Das deutsche Wort kommt übrigens vom althochdeutschen Verb laffan, das schlürfen oder lecken bedeutet und uns auch die Lippe und den Laffen schenkte.) Anfangs wird man, jedenfalls an der Küste, vermutlich Muscheln als Löffel verwendet haben. Dafür spricht unter anderem, dass das griechische Wort für dieses Essgerät »cochlea« lautet. Die Cochlea ist eine spiralförmige Schneckenmuschel, die im östlichen Mittelmeer verbreitet war und obendrein den Vorteil besaß, dass der Ausgang des Schneckengehäuses mit einem Stachel versehen war. Damit konnte man sie also auch als Gabel benutzen, wenn man Essensstücke aufspießen wollte. Jahrtausende mussten ins Land gehen, bevor ein findiger Amerikaner mit dem sogenannten »spork« eine ähnliche Löffel-Gabel-Kombi für Camper erfand. Wie sagten doch schon die alten Griechen: Es gibt nichts Neues – weder unter der Sonne noch im Besteckkasten.

Der Stachel an der Cochlea-Muschel war lange Zeit das erste und letzte gabelähnliche Instrument, das die Europäer kannten. Und als die dreizinkige Gabel von Byzanz aus endlich nach Westen gelangte, hatte sie einen schweren Stand. Wie klagte doch schon kein Geringerer als Martin Luther: »Gott behüte mich vor Gäbelchen.« Als ob er keine anderen Sorgen gehabt hätte.

Der Reformator mochte sich zwar in theologischen Kernbereichen mit der etablierten Lehre überworfen haben; in der Gabelfrage aber lag er voll und ganz auf der Linie des Vatikans. Schon ein halbes Jahrtausend vor Luther hatte der Kirchenlehrer Petrus Damiani wutschnaubend gegen die »sündhafte Verweichlichung« gewettert, die von der »häretischen« Gabel ausgehe.

Kurz zuvor hatte eine byzantinische Prinzessin die modische Neuheit erstmals in Venedig bekannt gemacht. An ihrem Hof in Konstantinopel verwendete man die Gabel schon lange. In Westeuropa aber findet sich in einer Inventarliste des Herzogs Karl von Savoyen noch Mitte des 14. Jahrhunderts lediglich »1 Gabel«. Der französische Königshof verfügte zu dieser Zeit immerhin über die ansehnliche Anzahl von zwölf Gabeln. Der Sonnenkönig Ludwig XIV. indes fiel später wieder in alte Gewohnheiten zurück. Auf seinen Tafeln suchte man Gabeln vergeblich.

Das Problem lag darin, dass die allmächtige Kirche ihre Verteufelung des Essgeräts nicht aufgeben wollte. Das darf man getrost wörtlich verstehen, denn die zackige Gabel wurde als Instrument des Beelzebub angesehen. Warum das so war, kann man nur vermuten. Wahrscheinlich fühlte sich so mancher fromme Prälat an die Hörner Luzifers erinnert. Als der englische Reisende Thomas Coryat 1611 Gabeln aus dem Orient nach Europa brachte, da wurde er als »Furcifer« verunglimpft. Wörtlich heißt das zwar nur so viel wie »Gabelträger«, doch die Ähnlichkeit mit Luzifer war natürlich beabsichtigt.

Es wurde so viel Zeit und intellektuelle Mühe auf den Kleinkrieg gegen die arme Gabel verwendet wie in unserer Zeit vielleicht nur gegen die Jeans, die Pille und die Rockmusik. Selbst der Philosoph und Reformator Erasmus von Rotterdam griff mit präzisen Essvorschriften in die Debatte ein: »Was gereicht wird, hat man mit drei Fingern oder mit Brotstücken zu nehmen«, dozierte der Autor des bis in unsere Tage gefeierten theologisch-philosophischen Buches »Lob der Torheit«. Noch Anfang des 17. Jahrhunderts – Amerika war schon längst entdeckt, der Buchdruck eine Selbstverständlichkeit geworden – erregte sich eine italienische Tischregel: »Hat uns die Natur nicht fünf Finger an jeder Hand geschenkt? Warum wollen wir sie mit jenen dummen Instrumenten beleidigen, die eher dazu geschaffen sind, Heu aufzuladen als das Essen.«

Die Deutschen wiederum gaben den Italienern die Schuld am Verfall der guten Tischmanieren. »Diese Unsitte, Salat mit der Gabel zu essen, haben die Vorfahren auch von den Welschen gelernt«, schrieb ein gewisser Michael Moscherosch. »Ich esse wie ein redlicher bayerischer Schwab, wozu haben wir denn sonst die Finger?«

Es ist beinahe denkbar, dass die Kirche mit einer Lobby von Leinen- und Damastmanufakturen in ihrer Gabelkritik kollaborierte. Denn die Gabel drohte die Serviette überflüssig zu machen, deren Zweck immer nur ganz schlicht der gewesen war, an ihr die fettigen Finger, die im Essen gewühlt hatten, abzuwischen. Wie notwendig das gerade bei größeren Gelagen gewesen sein mochte, kann man daran erkennen, dass Servietten im ausgehenden Mittelalter mitunter eine Fläche von einem Quadratmeter und damit Tischtuchgröße erreichten. Sie wurden lässig über die linke Schulter geworfen.

Erfunden wurde die Serviette übrigens schon im alten Rom. In besseren Kreisen legte man sich gleich mit zwei davon zu Tisch: Eine stellte der Gastgeber.

Sie wurde um den Hals gewickelt und diente der Reinigung der Hände und der Lippen. Die zweite brachte der Gast mit, was sinnvoll war, da er in ihr die Reste einwickelte, die er mit nach Hause nahm.

Am Ende aber konnte die Gabel der Serviette doch nicht den Garaus machen, auch wenn sie vorübergehend – wie im Versailles der Bourbonen – zur bloßen Dekoration verkam: Kunstvoll zu allen möglichen Tiergestalten gefaltet, thronte sie unangetastet neben dem Teller.

Eine derart schlechte Presse wie die Gabel hatten die Essstäbchen in China mit Sicherheit nie. Schließlich waren sie von Konfuzius als elegante und ästhetische Fingerverlängerung geadelt worden. Der schon erwähnte Mangel an Feuerholz in China hatte neben der Gewohnheit, das Essen vor dem Kochen kleinzuschneiden, auch andere Folgen. Zum einen verdankte der Wok dieser Tatsache seine Popularität als Kochtopf. Ursprünglich war er aber der Helm mongolischer Krieger, in dem diese auch ihre Mahlzeiten zubereiteten. Wegen seiner speziellen Form konzentriert er die Hitze anders als bei flachen Pfannen in der Mitte. Er spart also Energie bei gleichzeitig größerer Kochleistung.

Zum anderen mussten sich die Asiaten wegen der Brennstoffknappheit den Genuss von Brot und Kuchen verkneifen. Backen verlangt nach großer Hitze, und die konnten nur die Europäer in verschwenderisch befeuerten Backöfen erzeugen.

Paradoxerweise setzte die Verwendung von Stäbchen den Waldbeständen des Landes weitaus mehr zu als eine Termiteninvasion. Denn zu Konfuzius' Zeiten rechnete niemand mit der späteren Bevölkerungsexplosion in China. Heute verbrauchen die mehr als eine Milliarde Chinesen Jahr für Jahr 45 Milliarden Essstäbchen. Für sie müssen 25 Millionen Bäume geschlagen werden.

In die Suppe gespuckt:
Wenn Politik den Appetit verdirbt

Auch Amerika ist nicht gefeit gegen Ausbrüche von kleinkariertem nationalem Chauvinismus. Es kommt immer wieder vor, dass die amerikanische Nation vergisst, dass sie von Einwanderern aus aller Welt gebildet wurde, und sich einen ausländischen Leib- und Magenfeind sucht, auf dem sie allen Hass und alle Missgunst abladen kann. Deutschland war schon mehr als einmal Opfer dieser patriotisch verbrämten Aufwallung. Sogar Frankreich geriet einmal ins Visier empörter US-Patrioten, als die Regierung in Paris sich weigerte, auf Geheiß von Präsident George W. Bush Schulter an Schulter mit amerikanischen GIs im Irak einzumarschieren – was ihnen prompt den phantasievollen Schimpfnamen »käsefressende Kapitulationsaffen« eintrug.

In den Mittelpunkt der politischen Kontroverse mit Paris geriet ausgerechnet jene Essensbeilage, die eigentlich ein unverzichtbarer Bestandteil praktisch aller amerikanischen Mahlzeiten ist: Pommes frites. Zum Verhängnis wurde den frittierten Kartoffelschnipseln, dass sie im amerikanischen Englisch nach ihrem vermeintlichen Herkunftsland »French fries« genannt werden – Franzosenfritten. Aus Protest gegen die angebliche französische Feigheit tauften die Yankees die Pommes nun nicht etwa in »Belgian fries« um. Dies hätte zwar die wahren Erfinder geehrt, aber Belgien ist im amerikanischen Kulinarverständnis für Waffeln und Pralinen reserviert, wenn dieses Land überhaupt einen Platz irgendwo im US-Bewusstsein einnimmt. Stattdessen tauften die Amerikaner ihre Lieblingsspeise in »freedom fries« um – die Freiheits-fritten.

Genauso waren die Amerikaner schon im Ersten Weltkrieg verfahren, als der gastronomische Beitrag deutscher Einwanderer noch in frischer Erinnerung war. Was wäre, nebenbei bemerkt, die amerikanische Küche ohne die Frikadelle, alias Hamburger, oder das Frankfurter Würstchen, auch Hot Dog genannt? Das redliche Sauerkraut schaffte es nie in diese Liga amerikanischer Grundnahrungsmittel; dennoch war es zu Beginn des 20. Jahrhunderts in den USA ein fester Begriff. Doch als sich die Nation unversehens im Krieg mit dem deutschen Kaiserreich befand, empfand man diesen deutschen Namen als nicht mehr tragbar: Aus dem Sauerkraut wurde »liberty cabbage«, der Frei-heitskohl.

Amerikas britische Waffenbrüder hatten zu diesem Zeitpunkt ein ernsteres Problem: In England war es nicht nur eine schlichte Sättigungsbeilage, die einen deutschen Namen trug, sondern die Familie des Herr-scherhauses. König Georg V. taufte den Clan daher flugs von dem teutonischen Zungenbrecher Sachsen-Coburg-Gotha ins mundgerechte Windsor um. Der ei-gentlich gänzlich humor-unverdächtige deutsche Kaiser Wilhelm II. spottete daraufhin, er freue sich schon auf die nächste Aufführung von Otto Nicolais

Oper »Die lustigen Weiber von Sachsen-Coburg-Gotha«.

Speisen und Getränke wurden zu allen Zeiten in den Strudel politischer Ränke und Konflikte gezogen. Andere Spezialitäten wiederum legen stolz Zeugnis ab von Großtaten der Nationen, in denen sie gekocht werden. Die Tradition begann mit den Israeliten, die einige ihrer Spezialitäten nach Schicksalszeiten ihrer Geschichte benannt haben: Der Hefezopf Challah etwa erinnert an jenen Pharao, der alle erstgeborenen jüdischen Säuglinge abschlachten ließ. Die leckeren Mohnzipfel, genannt Hamantaschen, wiederum gemahnen an den mordenden persischen Großwesir von König Artaxerxes II. In einem melancholischen jüdischen Witz aus dunklen Nazitagen fragt sich ein Jude, »was wir mal für den Herrn Hitler essen werden«.

Man mag meinen, wenig könnte harmloser sein als das schlichte Croissant. Doch sein Aussehen und sein Name – der Halbmond – erinnern an eine blutige Geschichte. Im Zeichen des Halbmondes hatte ein türkisches Heer 1683 versucht, Wien einzunehmen. Doch Wiener Bäcker, die aus Berufsgründen schon immer früh aufstehen mussten, hörten das Graben türkischer Sappeure, die sich unter der Stadtmauer hindurchtunnelten. Sie gaben Alarm, die Türken wurden geschlagen, und zum Dank erhielt die Bäckerzunft das Recht, ihre altbekannten Kipferl nun in Halbmondform zu backen. Es muss ein unübertreffliches Hochgefühl gewesen sein, das Staatssymbol des Erzfeindes genussvoll in die Morgenschokolade eintauchen und genießerisch verspeisen zu können.

Von patriotischem Stolz beflügelt war auch der Neapolitaner Pizzabäcker Raffaele Esposito. Man schrieb das Jahr 1889, Italien war als Nation noch nicht lange geeint, und daher berauschte sich das Volk den ganzen Stiefel entlang von Venedig bis nach Sizilien an den brandneuen Nationalfarben Rot, Weiß und Grün. Für Esposito gab es daher keinen Zweifel, dass er eine nationale Pizza kreieren würde, als König Umberto I. und seine Gemahlin Neapel besuchten – mit weißem Mozzarella, roten Tomaten und grünem Basilikum. Die Pizza wurde weltweit zum Klassiker und verewigte ihre Namensgeberin – Königin Margherita.

Der Stolz auf ihr Königshaus beflügelte auch holländische Gärtner. Sie waren ohnehin schon lange bekannt für ihr Talent bei der Pflanzenzucht, und nun nahmen sie sich die unscheinbare Karotte vor. Sie stammte ursprünglich aus Afghanistan und war über Persien und das Osmanische Reich nach Europa gelangt. Derselben Exportroute folgen heute andere afghanische Agrarprodukte, die man freilich auf dem Wochenmarkt vergeblich sucht. Die afghanischen Ur-Karotten gab es in allen möglichen, meist gedeckten Farbschattierungen; ursprünglich waren sie meist dunkelviolett.

Die Holländer aber ruhten nicht eher, als bis sie eine knallige orangefarbene Variante herangezüchtet hatten – zu Ruhm und Ehren ihres Herrscherhauses Oranien. Wann immer wir heute also in eine knackige Karotte beißen, sollten wir einen Gedanken an Königin Beatrix verschwenden. Was allerdings weder die damaligen Karottenzüchter noch die heutigen holländischen Fußballfans in ihren orangefarbenen Jerseys wissen dürften: Mit der Farbe hat der Name der Herrscherfamilie gar nichts zu tun. Dem Hause Oranien-

Nassau gehörte einst das Fürstentum Orange in der Provence. Diese Stadt indes verbindet nichts mit Apfelsinen oder dem Farbton. Sie trägt vielmehr in abgewandelter Form den Namen eines alten keltischen Wassergottes – Arausio.

Kehren wir noch einmal nach Amerika zurück. Dort lebende Exil-Kubaner pflegen zu sagen, dass ihre Heimat erst dann wieder wirklich frei sei, wenn man auf der Zuckerinsel wieder echten Cuba Libre trinken könne – die klassische Vermählung aus kubanischem Rum und US-amerikanischer Coca Cola. An Rum mangelt es Castros Reich nicht, aber der Imperialistendrink ist rar.

Wie frei Kuba mit Cola-Importen wäre, darüber kann man streiten, genauso wie über den Ursprung des vermeintlich so befreienden Cocktails. Angeblich wurde Cuba Libre von einem amerikanischen Offizier erfunden, der als Teil des Expeditionscorps der Gringos aus dem Norden die spanischen Kolonialherren vertreiben half. Er hatte einen Barmann angewiesen, seine Cola mit einem Schuss Rum aufzupeppen. Voller Begeisterung über den Geschmack und über die neugewonnene kubanische Freiheit hätten er und seine Kameraden einen Toast auf »Cuba libre« ausgebracht. So hübsch die Geschichte klingt, hat sie doch einen kleinen Makel. Der spanisch-amerikanische Krieg war 1898 beendet. Coca Cola aber wurde erstmals im Jahre 1900 auf Kuba ausgeschenkt.

Kanzlerhering und Komponistensteak: Essbarer Nachruhm

Wie kann man als gewöhnlicher Sterblicher Unsterblichkeit erlangen? Nicht jeder hat das Talent oder gar das Genie, um unvergängliche Kunstwerke zu hinterlassen, die auf Dauer mit dem eigenen Namen verbunden sind. Und noch weniger Menschen hinterlassen einen derart prägenden politischen oder militärischen Eindruck, dass Berge, Flüsse, Städte oder gleich ganze Länder nach ihnen benannt werden. Ein vielversprechender Ansatz liegt dagegen in der Küche: Wem es gelingt, zumindest einen Koch zu beeindrucken, oder wer ein besonders schmackhaftes Rezept findet, der kann immerhin auf Speisekarten und in Kochbüchern verewigt werden. Meist ist dieser Nachruhm haltbarer als ein Städtename – wie die Beispiele Leningrad, Stalingrad, Titograd oder Karl-Marx-Stadt bewiesen haben.

Am leichtesten ist es, wenn alles in einer Hand bleibt: die Kreation und die Namensgebung. So nannte der Wiener Konditor Franz Sacher seine mit Marmelade gefüllte Schokoladentorte der Einfachheit halber gleich nach sich selbst. Der italienische Hotelier und Küchenchef Cesare Cardini erfand nicht den Cardini-, sondern den Caesar-Salat, und John Montagu, der vierte Earl of Sandwich, lieh bekanntermaßen seinen Namen dem belegten Brot.

Gioacchino Rossini war nicht nur ein fleißiger Komponist; als Italiener liebte er mindestens ebenso sehr gutes Essen. Eine seiner Leibspeisen waren gegrillte Rinderfilets mit Gänseleber. Zu seinen Ehren erhielten diese Tournedos seinen Namen.

Ob die Ballerina Anna Pawlowa jemals die nach ihr benannte kalorienreiche Pawlowa-Torte probiert hat, ist hingegen fraglich. Als Tänzerin musste sie strikt auf ihre Linie achten. Der Sängerin Nellie Melba hingegen soll das zu ihren Ehren von Küchenpapst Auguste Escoffier kreierte Pfirsichdessert ausnehmend gut gemundet haben. Für Diät-Phasen im Leben der Diva fügte er später dem Pfirsich Melba den hauchdünnen Toast Melba hinzu.

Wie aber kommt ein sauer marinierter Hering zum Namen des vermutlich bedeutendsten deutschen Kanzlers? Und warum lieh der Dichter Friedrich Schiller seinen Namen sowohl den geräucherten Bauchlappen des Dornhais als auch einer Schaumrolle aus Blätterteig mit Sahnefüllung? Nun, in seinem Fall fällt die Antwort leicht: Schillers Lockenfrisur erinnerte offenbar an den gerollten Fischsnack, und das Gebäck wiederum erinnerte an den Fisch.

Kleiner Exkurs

Hand aufs Herz: Wenn Sie die Wahl hätten, ob Sie in einem schicken Restaurant französisch bedient werden möchten oder russisch, wie würden Sie entscheiden? Ja, habe ich mir gedacht. Trotzdem wäre russischer Service besser gewesen. Denn das ist die Art, Speisen aufzutragen, wie wir es gewohnt sind: ein Gang nach dem anderen und für jeden Gast separat. Es war ein russischer Botschafter am Hofe des französischen Kaisers Napoleon III., der in den 50er

Jahren des 19. Jahrhunderts diese revolutionäre Neuerung in der Heimat der Haute Cuisine einführte. Bis dahin war in Frankreich französisch serviert worden. Das hieß, dass alle Gänge, Speisen und Gerichte auf einen Schlag auf einem großen Tisch aufgetragen wurden, von denen sich die Gäste dann – oft nach dem Recht des Stärkeren – bedienten. Also ein wenig wie eine Schlacht am kalten Buffet. Es war allerdings das erste und das letzte Mal, dass Russland einen Beitrag zur höheren Esskultur leistete.

Undurchsichtiger verhält sich die Sache mit dem Bismarckhering. Spielverderber behaupten, dass er mit dem Eisernen Kanzler überhaupt nichts zu tun hat und seinen Namen von der Ortschaft Bismark – ohne c – in der Altmark erhalten hat. Doch warum ausgerechnet dieser kilometerweit von jeder Küste entfernte Ort eine besondere Affinität zu Heringen haben soll, bleibt dabei offen.

Aber auch der Bezug zu Otto von Bismarck ist nicht restlos geklärt. Mochte er Fisch? Bevorzugte er marinierte Heringe? Schlug er die fischfangenden Engländer in einem geheimen Hering-Krieg? Wir wissen es nicht. Der Legende nach schickte ihm ein Fischhändler, der je nach Erzähler in Stralsund oder Flensburg daheim war, ein Fässchen mit sauren Heringen in die Reichskanzlei mit der Bitte, diese fortan zu Ehren des Reichsgründers Bismarck-Heringe nennen zu dürfen. Offensichtlich kamen keine Einwände, und die Kleine-Leute-Delikatesse hatte ihren hochadeligen, stolzen Namen.

Inzwischen hat sich übrigens auch ein unfrommer Wunsch des Reichskanzlers erfüllt. Er soll einmal gesagt haben, dass die Menschen Heringe mehr schätzen würden, wenn sie so teuer wären wie Kaviar. Mittlerweile haben sich dank Überfischung in der Nordsee die Preise für beide Leckereien ziemlich angeglichen.

Zu seinen Lebzeiten war der britische Herzog von Wellington eine ebenso dominierende politische Persönlichkeit wie später Otto von Bismarck. Schließlich war er der Bezwinger Napoleons gewesen – nach dem übrigens noch nicht einmal die kleinste Beilage benannt ist. Wellington hatte immerhin seinen Namen schon einer bestimmten Art von Reiterstiefeln geschenkt, was zum Charakter dieses ungehobelten Cholerikers passte. Der Schuh lebt im modernen England weiter fort als Wellie – dem Slangausdruck für Gummistiefel.

Dieser wiederum soll Pate gestanden haben für das berühmte Filet Wellington. Nicht, weil das Fleisch so zäh gewesen wäre wie eine Stiefelsohle, sondern weil das überbackene Rindersteak eine ähnliche Form aufwies. Andere Theorien wollen wissen, dass es sich um das Leibgericht des als außergewöhnlich verfressen geltenden Herzogs handelte oder dass ein besonders patriotischer englischer Koch den Franzosen nach der Schlacht von Waterloo auch an der Küchenfront eins auswischen wollte. Demnach taufte er ein uraltes französisches Rezept für ein Filet de bœuf en croûte schlicht in Filet Wellington um.

Andere unfreiwillige Namensspender würden vermutlich verzweifeln, wenn sie wüssten, dass ihr Name nur als Bezeichnung für ein Gericht und nicht für ihr Lebenswerk in Erinnerung geblieben ist. François-

René Chateaubriand etwa, der von 1768 bis 1848 lebte, machte sich zu Lebzeiten einen Namen als Schriftsteller und einflussreicher Staatsbeamter. Er verdiente so gut, dass er sich seinen eigenen Koch leisten konnte. Der kreierte ein leckeres Doppellendensteak und benannte es nach seinem Arbeitgeber. Das Schnitzel wird bis heute gern gegessen, Chateaubriands Bücher aber werden kaum mehr gelesen.

Etwa zur selben Zeit lebte in Preußen ein berühmter Reiseschriftsteller und Gartenbauexperte: Herrmann von Pückler-Muskau wird unter Fachleuten noch heute hoch geschätzt. Doch die Masse der Deutschen denkt eher im heißen Sommer an ihn, wenn sie sich ein sahniges Fürst-Pückler-Eis auf der Zunge zergehen lässt. Es wurde 1839 von dem königlich-preußischen Hofkoch Louis Ferdinand Jungius geschaffen und hatte mit dem heutigen Dreierriegel aus Schoko-, Vanille- und Erdbeereis herzlich wenig zu tun. Jungius' Kreation war eine dreistöckige Torte aus Sahneeis mit Zucker und halbgefrorenen Früchten.

Andere wiederum hatten keine Ahnung, dass ihr Name für eine Speise verwendet werden würde, weil sie – wie beispielsweise der Renaissance-Maler Vittore Carpaccio – schon seit vierhundert Jahren unter der Erde lagen. Im Jahre 1950 fand in Venedig eine vielbeachtete Ausstellung seiner Werke statt. Dies wäre nicht weiter ungewöhnlich gewesen, wenn nicht ein paar Kanäle weiter der Chefkoch im Schickimicki-Treff »Harry's Bar« eine Vorspeise aus hauchdünn geschnittenem Rindfleisch mit Olivenöl, Salz, Pfeffer und Basilikum erfunden hätte. Nur ein zündender Name fehlte noch, und weil das neue Gericht so schön rot und weiß auf dem Teller lag, dachte der kunstver-

ständige Koch an den Maler, der ebenfalls vorzugsweise mit diesen Farben arbeitete. Und so kommt es,
dass man heute bei Carpaccio eher ans Essen denkt als
an die Kunst.

Aber man muss weder prominent noch tot sein, um
als Gericht weiterleben zu können. Nehmen wir den
US-Financier LeGrand Benedict. Regelmäßig früh-
stückte er im New Yorker Nobelrestaurant Delmo-
nico's – immer das Gleiche: Eier, Speck, Bratkartof-
feln und manchmal vielleicht ein paar Löffelchen
Kaviar. Eines Tages beklagte er sich bei Chefkoch
Charles Rauhofer über diese Einfallslosigkeit. Der
verschwand in seiner Küche und kam kurz darauf mit
einer neuen Speise zurück: Pochierte Eier auf englischen Muffins, mit Schinken und Sauce hollandaise.
Die Eggs Benedict waren geboren.

Inzwischen gibt es sogar auch Eier Benedikt XVI.
Das ist keine besonders große Portion mit 16 Eiern,
sondern angeblich ein Leibgericht des bayerischen
Papstes. Das Prinzip ist dasselbe wie beim Klassiker,
nur dass beim Heiligen Vater Roggenbrot die Muffins
ersetzt und eine dicke Scheibe Wurst den Schinken.

Stille Helden

John Harvey Kellogg (1852–1943)

*Als Vater hätte man diesen Mann wahrscheinlich nicht
so gerne gehabt. Selbst seiner Ehefrau könnten mitunter Zweifel an ihrem Heiratsentschluss gekommen sein,*

möglicherweise sogar in der Hochzeitsnacht. Denn die verbrachte der Bräutigam mit der Arbeit am Manuskript eines Buches über gesundes Leben – durch Sex-Verzicht. Dieser Maxime blieb der passionierte Arzt selbst bedingungslos treu: Als er im biblischen Alter von 92 Jahren starb, war er dem Vernehmen nach noch immer Jungfrau. Seine 42 Kinder, die er im Laufe seines langen Lebens großzog, waren alle adoptiert.

In der Tat: John Harvey Kellogg war ein Mann von festen, um nicht zu sagen rigiden Prinzipien. Die Römer prägten das Motto vom gesunden Geist in einem gesunden Körper, aber Kellogg konzentrierte sich so gut wie ausschließlich auf ganz bestimmte Körperfunktionen: Magen, Darm und Fortpflanzungsorgane. Nur zwei Dinge waren seiner Meinung nach für Gesundheit, Glück und Zufriedenheit notwendig: ein geregelter Stuhlgang und der Verzicht auf fleischliche Lust. Dass heute mit schlanken weiblichen und vor allem spärlich bekleideten Körpern für ein Produkt mit seinem Namen geworben wird, würde ihn mit Sicherheit in schlimmste Seelennöte stürzen.

Als besonders widerwärtig empfand er das Laster der Masturbation, dem er daher gleich mehrere seiner insgesamt 50 Bücher widmete. Onanie, so warnte er junge Menschen, mache faul und depressiv und lasse überall im Gesicht die Pickel aufblühen. Nun ja, so haben Teenager zu allen Zeiten ausgesehen, egal ob mit oder ohne Selbstbefriedigung. Vor allem aber, so Kellogg weiter, bremse Masturbation das Körperwachstum. Er musste es wissen: Selbst brachte er es gerade mal auf einen Meter sechzig.

In diesem kleinen Körper aber steckte ein unbändiger Wille, der Menschheit zu gesunder Ernährung zu verhelfen – ob sie das wollte oder nicht. Kellogg schwor auf »einfache Kost und nicht zu viel davon essen, was der Affe isst«. Seine größte Sorge galt stets dem »langsamen Darm« und der Verstopfung, ein grauenhafter Zustand, dem er persönlich mit bis zu drei Einläufen pro Tag entgegenwirkte.

Da nicht einmal er so weltfremd war anzunehmen, dass die Mehrheit der Amerikaner diesem Beispiel folgen würde, richtete er seine Aufmerksamkeit auf die Erfindung einer Speise, die denselben Effekt herbeiführen würde. Weil er sich selbst vorzugsweise von Nüssen, Hafer und diversen anderen Körnern ernährte, standen am Ende seiner Bemühungen geröstete Flocken aus getrocknetem Maismehl, die wahrscheinlich genauso abstoßend schmeckten, wie sie aussahen. Kellogg dürfte dies nicht gestört haben. Marketing war sein Anliegen nicht, und Genuss spielte in seiner Lebensphilosophie eine ziemlich untergeordnete Rolle. Die Cornflakes sollten nach dem Willen ihres Erfinders trocken heruntergewürgt werden. Nur so würden sie die erhoffte und erwünschte Wirkung zeigen: Stuhlgang dreimal täglich, so zuverlässig wie eine Uhr.

Die Maisflocken wären daher vermutlich weitgehend auf die Insassen des von Kellogg betriebenen Sanatoriums Battle Creek im US-Bundesstaat Michigan beschränkt geblieben, das unter dem Motto stand: »Gute Verdauung, tiefer Schlaf, ein klarer Kopf und ein ruhiges Gewissen«. Die Liste seiner Patienten freilich war beeindruckend: US-Präsident William Taft ließ sich *hier ebenso behandeln wie der Polarforscher Roald Amundsen, der Schriftsteller George Bernard Shaw, der Automagnat Henry Ford und der Tarzan-Darsteller Johnny Weissmuller.*

Aber zum Glück für die Nachwelt und für Millionen Frühstücksesser hatte John einen jüngeren Bruder, der erstaunlicherweise die kommerziellen Möglichkeiten der Bröselnahrung erkannte. William Kellogg gründete die »Battle Creek Toasted Cornflake Company«. Sie war die Keimzelle des heutigen Cornflakes-Imperiums, das seine Produkte in 180 Ländern der Erde verkauft und einen Umsatz von 13 Milliarden Dollar macht.

Den finanziellen Durchbruch aber erzielte William erst, als er sich über das ausdrückliche Verbot seines älteren Bruders hinwegsetzte und den Flocken Zucker beimengte. Damit wurden sie zwar zum ersten Mal genießbar, vor allem wenn man sie mit Milch mischte. Für John Harvey aber stellte dies ein Sakrileg dar. Die nächsten 30 Jahre wechselte er kein Wort mit seinem Bruder. Den dürfte dies kaum gestört haben: Cornflakes machten ihn zu einem schwerreichen Mann.

Der Ältere bezog nur ein Gehalt von der Firma und kümmerte sich ausschließlich um seine Patienten. Bis ins hohe Alter von 88 Jahren führte er noch Operationen durch. Seine Spezialität, wen würde es überraschen: die Verödung von Hämorrhoiden. Den Weg vom gesunden Frühstücksessen zur zahnschmelzzerfressenden Süßigkeit erlebte John Kellogg gottlob nicht mehr mit. Nicht auszudenken, was er zu Cornflakes mit Zucker, Honig, Schokolade oder Marshmallows gesagt hätte.

In vino veritas

Eigentlich könnten wir ja alle nur Wasser trinken, wie es unsere fernen Vorfahren taten, sobald sie der Mutterbrust entwöhnt waren. Es gab in der Natur kaum etwas anderes, wenn man nicht gerade in der Umgebung von Kokospalmen lebte, deren Früchte ein praktisches Fertiggetränk enthalten.

Etymologisch gesehen ist Wasser eines der ältesten Wörter unserer Sprache, und es hat – kaum überraschend – seine Bedeutung im Laufe der Zeit kaum geändert, wie dies mit vielen anderen Wörtern geschah. Das Proto-Indoeuropäische kannte dabei offensichtlich einen Unterschied zwischen Wasser als einer lebenden Kraft (»ap«), wie es sich in Bächen, Flüssen oder Regengüssen manifestierte, und Wasser als unbelebtem Objekt, das man entweder in sich hinein oder über den Körper schüttet. Aus dieser Wurzel »wed-« entstand unser Wort Wasser.

Heute trinkt die wohlhabende Welt wieder mehr Wasser als je zuvor, wenn auch abgefüllt in schicken Flaschen und oft mit Kohlensäure versetzt. Das älteste Mineralwasser, das bis heute genossen wird, ist wahrscheinlich San Pellegrino. Erstmals wurde es vor 600 Jahren abgefüllt, und einer der zufriedenen Trinker war kein Geringerer als Leonardo da Vinci. Er unterzog es der Überlieferung nach auch einer chemischen Analyse. Weit über hundert Jahre alte Wässerchen wie Perrier oder Apollinaris sind im Vergleich zu San Pellegrino Parvenüs.

Vor allem Apollinaris bereitete seinem Besitzer, dem Winzer Georg Kreuzberg aus Bad Neuenahr, zunächst nur Kopfschmerzen. Eigentlich wollte er ja

Wein anbauen, aber der neuerworbene Berg warf nur zitronensaure Trauben ab. Eine Bohrung brachte den Grund dafür zutage: eine hohe Konzentration von Kohlensäure im Grundwasser. Doch Kreuzberg haderte nicht mit seinem Schicksal. Er gab den Wein auf und machte sein Geld fortan mit Wasser.

Schon früh reichte unseren Ahnen Wasser als Getränk allerdings nicht mehr aus. Die ersten Alkoholika entstanden wahrscheinlich aus vergorenen Früchten oder Wasser, in das ein paar Krumen Brot gefallen waren und das dann zu lange in der warmen Sonne stand. Dies ergab eine Vorstufe von Bier, das denn auch verbürgtermaßen das drittälteste Menschheitsgetränk nach Milch und Wasser ist. Babylonier und Ägypter waren große Bierbrauer, die es mit den heutigen Bayern oder Böhmen aufnehmen könnten. In Mesopotamien kannte man mehr als ein Dutzend verschiedener Sorten – dunkles Bier ebenso wie Weizen.

Die Griechen und später die Römer verzogen allerdings die Nase bei Anblick und Geruch dieses Getränks, das ihnen dann auch im Norden ihrer Grenzen auf dem Balkan und in Mitteleuropa entgegenschwappte. Sie tranken stets lieber Wein, und die Griechen behaupteten sogar, dass ihr für dieses Getränk zuständiger Gott Dionysos aus Mesopotamien nach Hellas geflüchtet sei, weil er das ganze Bier im Zweistromland nicht mehr ertragen konnte. Den Wein – die Rebe, das Getränk und damit auch das Wort – importierten die alten Hellenen allerdings auch aus dem Osten: Die Wiege der Winzerkultur stand an den Küsten des östlichen Schwarzmeeres. Die einzig logische etymologische Erklärung für die Herkunft des Wortes Wein ist denn auch die offenkundig enge Verwandtschaft zum Georgischen und zu dessen Wort »gwino« = Wein. In keiner anderen Sprache gibt es eine Wurzel, die auch nur ähnlich klänge.

Nicht minder undurchsichtig ist die Herkunft des Wortes Bier. Am nächstliegenden scheint die Erklärung zu sein, dass es von Mönchen im sechsten Jahrhundert aus dem vulgärlateinischen Wort »biber« für Getränk abgeleitet wurde. Es genügt, sich vorzustellen, wie man »biber« ausspricht, wenn man genügend Gerstensaft getankt hat, und das Ergebnis klingt fast schon genauso wie Bier. Auch bei hochprozentigen Getränken wird die eigentliche Wirkung gern durch unscheinbare Namen vertuscht. Man denke nur an den Likör, der genau genommen ja nichts anderes bezeichnet als eine unschuldige Flüssigkeit – liquide eben. Verdächtig ist außerdem, in wie vielen Kulturen Schnäpse aller Art verharmlosend als Wasser ausgegeben werden. (Schnaps kommt übrigens von schnappen und beschreibt einen kleinen Schluck.) Am offenkundigsten ist das beim Eau de vie, dem Lebenswasser. In Skandinavien wird das sogar noch lateinisch aufgehübscht zum Aquavit, und der russische Wodka ist ein niedliches kleines Wässerchen. Auch wenn man den Whisky etymologisch destilliert, bleiben die keltischen Bestandteile »uisge beatha« übrig – Wasser des Lebens.

Keltisch-gälisches Erbe findet sich auch in Getränken wie dem Whisky-Likör Drambuie: »dram buidheach« ist im schottischen Gälisch ein »befriedigendes Getränk« und kommt im vorliegenden Fall der Sache ganz schön nahe. In Schottland wird auch der Whisky der Gebrüder Chivas gebrannt, und deren Name kommt vom Wort für eine Engstelle – »seamhas«.

Grämen Sie sich nicht, wenn diese Wörter überhaupt nicht so aussehen, wie sie offensichtlich zu
klingen haben. Es ist eine Spezialität des Gälischen,
eine Handvoll Vokale aufs Papier zu streuen, nur um
sie dann einsilbig auszusprechen.

Ebenfalls vom sturmzerzausten keltischen Rand
Europas kommt ein urfranzösischer Cognac: Der britische Offizier Richard Hennessy emigrierte 1756
nach Frankreich, wo er aus seinem Hobby, dem Bran-
dy-Genuss, eine zweite Karriere machte. Und sein iri-
scher Name wies ihn als einen hAonghusa aus – was
ausgesprochen in etwa so klingt wie O'Hannesy.

Der Portwein ist dagegen nicht nach einer Person,
sondern nach seiner portugiesischen Heimat benannt,
und im Sherry steckt – auf Englisch mehr oder weniger stark verballhornt – die spanische Stadt Jerez.
Cognac heißt natürlich Cognac, weil er in der gleich-
namigen Stadt im Departement Charente gebrannt
wird, genauso, wie der Champagner aus der Champa-
gne kommt. Ursprünglich französischer Provenienz
ist auch der amerikanische Bourbon Whiskey. Seine
Heimat ist Bourbon County im US-Bundesstaat Ken-
tucky. Dieses Territorium gehörte einst zum französischen Kolonialgebiet Louisiana, und der Bezirk trägt
den Namen des französischen Königsgeschlechtes der
Bourbonen.

Deutscher Cognac heißt dagegen brav und bieder
Branntwein. Seit dem Versailler Vertrag muss er sogar so heißen, genauso wie auf Wunsch der Kriegssie-
ger aus deutschem Champagner Sekt oder, noch
grässlicher, Schaumwein wurde. Branntwein freilich
beschreibt den Sachverhalt sehr präzise: Wein wird
erhitzt, mithin gebrannt, damit der Alkohol destilliert

wird. Geprägt wurde das Wort von Hugo Asbach, der 1892 in Rüdesheim am Rhein deutschen Cognac brannte. Ein Ehrenplatz in den Geschichtsbüchern gebührt ihm indes weniger für seinen Asbach Uralt, in dem bekanntlich der Geist des Weines steckt, sondern für eine andere Erfindung: Hugo Asbach ist – Trommelwirbel und Fanfaren – der Vater der Weinbrandbohne.

Asbach war so stolz auf sein Produkt, dass er den eigenen Namen auf die Flaschenetiketten druckte. Genauso hielten es viele andere Wein- und Spirituosenfabrikanten: der italienische Handelsvertreter Alessandro Martini, der kubanische Geschäftsmann Facunda Bacardí i Massó, die französische Witwe Barbe-Nicole Cliquot-Ponsardin, die deutschen Winzerbrüder Jacobus, Gottlieb und Phillip Mumm oder der schottische Gemischtwarenhändler John »Johnnie« Walker. Ihre Produkte und ihre Namen sind bis heute in der ganzen Welt in aller Munde.

Von Geheimnissen umwabert sind dagegen der Rum und der Campari. Bei Ersterem weiß niemand, woher das Wort stammt. In einer Schrift aus dem Jahr 1651 werden Produkte der Karibik-Insel Barbados vorgestellt, darunter »Rumbullion, alias Kill-Devill – ein scharfer, höllischer und schrecklicher Schnaps«. Drei Jahre später taucht das Gesöff in einem anderen Papier erneut auf, diesmal verkürzt auf Rum. Das ist alles, niemand kennt die Herkunft des Wortes Rumbullion. Noch nicht einmal die dünnsten und fadenscheinigsten Theorien oder Spekulationen ranken sich um den Namen.

Das Geheimnis von Campari hingegen ist nicht der Name, sondern die Herstellung. Gaspare Campari schenkte Mitte des vorletzten Jahrhunderts in seinem Café in der norditalienischen Stadt Novara zum ersten Mal das neue knallrote, zu gleichen Teilen zuckersüße und bittere Mischgetränk aus. Zusammengerührt wurde es nach einem geheimen Rezept. Sogar heute noch soll jeweils nur eine Person die genauen Zutaten kennen.

Dass zu diesen Ingredienzien Insekten in Gestalt kleiner Schildläuse zählen, galt lange Zeit entweder als sogenannter »urban myth«, eine neuzeitliche Großstadt-Legende, oder als ekelerregende Wahrheit. Um Sie nicht lange auf die Folter zu spannen: Die Läuse waren drin; erst seit 2006 verzichtet Campari auf den Zusatz der Läuse und verwendet einen chemischen Farbstoff. Doch früher waren sie tatsächlich ein Bestandteil des Getränks. Denn nur aus Cochenille-Schildläusen konnte der rote Farbstoff Karmin gewonnen werden – und nicht nur für Campari. Wenn Sie sich das nächste Mal die Lippen nachziehen, denken Sie daran, dass auch der Lippenstift seine Farbe dieser Laus verdankt.

Rund und bunt wie Königin Margherita

Die Amerikaner essen sie nicht nur mindestens ebenso gerne wie ihre Cheeseburger; sie haben sie schon längst für sich und ihre eigene Küche reklamiert. »As American as pizza« sagt man, und was anfangs noch als Witz gedacht war, das gilt heute als Selbstverständlichkeit. In der Tat: Was könnte amerikanischer sein als eine Deep-dish-Pizza mit allen möglichen Zutaten aus den Häusern Papa John's oder Domino's.

Ganz falsch ist diese Anschauung von der Pizza als amerikanischem Beitrag zur Welt-Gastronomie freilich nicht. Denn erst die USA haben sie zu einem internationalen Erfolg gemacht. Bis vor 30, 40 Jahren war Pizza noch nicht einmal überall in Italien ein Begriff. Im Norden des Landes kannte man sie nur vom Hörensagen: als Armeleutegericht des als barbarisch verschrienen Südens. Anderenorts kannte man bestenfalls die sogenannte »crescia« – dünne Teigfladen, in die man Käse, Schinken oder Speck einrollte, mithin eine Italo-Version mexikanischer Nachos.

Der Teigfladen weist übrigens auf die gemeinsame Herkunft von Pizza und Pitta hin, die sich nicht nur etymologisch ähneln. Pitta ist griechisch für Pech oder Harz, vermutlich, weil Baumharz auch zu flachen Scheiben gerinnt und erstarrt. Das Pitta-Brot war schon vor dem Altertum überall im Mittelmeerraum verbreitet; dass man es mit Leckereien belegen und dann backen würde, war nur eine Frage der Zeit. Der römische Philosoph Cato der Jüngere (95–46 v. Chr.) hatte bereits detailliert eine Steinofenpizza beschrieben, die aus dem Hause Dr. Oetker hätte stammen können: »Flache, runde Teigstücke, die mit Olivenöl, Kräutern und Honig gewürzt und auf einem Stein gebacken werden.« Gut, auf den Honig würde die heutige Tiefkühlpizza aus dem Supermarkt vermutlich verzichten.

Das Wort Pizza ist zum ersten Mal in einem Bericht aus der süditalienischen Hafenstadt Gaeta im Jahre 997 verbürgt. Zu diesem Zeitpunkt war das Gericht langsam zu einer Spezialität des Südens aufgestiegen. Zentrum der Pizzabäckerei war Neapel, und lange

Zeit buk man dort nur eine Art, die schlichte Pizza napoletana. Obwohl sie nur mit Olivenöl, Oregano und Knoblauch verfeinert war und nicht mit Meeresfrüchten, war sie unter dem Namen »marinara« bekannt. Denn ein »marinero« ist ein Seemann, und weil die Zutaten der damaligen Pizza haltbar waren, konnte sie von Seeleuten auch auf langen Fahrten an Bord zubereitet werden.

Von Neapel, Kalabrien und Kampanien aus eroberte die Pizza die Welt – mit einem wichtigen Zwischenstopp in Deutschland. Die meisten italienischen Gastarbeiter, die in den 50er und 60er Jahren zwischen Recklinghausen und Regensburg Arbeit suchten, stammten aus dem Mezzogiorno und nicht aus Mailand, Bologna oder Florenz. Da sie auch in der Fremde nicht auf ihre vertraute Kost verzichten wollten, folgten den Schweißern, Drehern und Schlossern bald die Pizzabäcker über die Alpen.

Norditaliener rieben sich verwundert die Augen: In Deutschland hatte ein italienisches Restaurant nicht automatisch Piccata milanese auf der Speisekarte, sondern vor allem Pizza. Als dann die Nachkriegsdeutschen Italien als Urlaubs- und Reiseziel entdeckten, wunderten sie sich über die Gastronomie in Rimini und Bibione: Keine Pizza weit und breit. Das änderte sich rasch, schließlich wollte man den Gästen aus dem Norden bieten, was sie unter typisch italienischer Küche verstanden. Und so eröffneten auch in Norditalien die ersten Pizzerias.

Inzwischen ist die Pizza in ganz Italien zu einem Nationalgericht geworden – und hat damit ganz nebenbei dramatische Veränderungen ausgelöst. Denn der belegte Teigfladen revolutionierte die traditionellen Essgewohnheiten der Italiener. Früher ging man in Italien nur zu besonderen Anlässen in ein Restaurant. Kein Wunder, waren doch drei bis vier Gänge obligatorisch: Antipasti, Pasta, Carne und Dolce. Das war nicht nur reichhaltig, sondern vor allem auch teuer. Die Pizza aber bot einen leichten und erschwinglichen Ausweg.

Stille Helden

Frederic Tudor (1783–1864)

Heute schon am Kühlschrank gewesen? Frische Milch rausgeholt oder eine Tiefkühlpizza? Einkäufe eingeräumt? Den Aufschnitt für die Gäste, die morgen Abend kommen, den Sechserpack Fruchtjoghurt für die kommende Woche hineingestellt? Das alles ist so selbstverständlich, dass wir keinen Gedanken darauf verschwenden, wie privilegiert wir eigentlich sind.

Denn vor wenig mehr als einem halben Jahrhundert wäre es potentiell gesundheitsgefährdend gewesen, Lebensmittel nicht so schnell wie möglich zu verzehren. Frischmilch musste am selben Tag, an dem man sie – stracks von der Kuh weg – kaufte, getrunken werden, weil sie sonst sauer wurde. Schnitzel und Bratwürste hielten, wenigstens im Winter, einen Tag lang, bevor sie zu schimmeln begannen – es sei denn, man machte sie durch Pökeln oder Räuchern haltbar. Und dass man Fleisch auf Dauer tiefgefroren aufbewahren konnte, das war nur Paläontologen ein Begriff, die im

Permafrost der sibirischen Tundra die Überreste schockgefrorener Mammuts ausgruben.

Die Haltbarkeit von Nahrung zu sichern war während der gesamten Menschheitsgeschichte ein Problem, und Lebensmittelvergiftungen durch den Genuss verdorbener Produkte kamen wesentlich häufiger vor als heute. Abhilfe schufen das Einweckglas und die Konservendose, die zu Beginn des 19. Jahrhunderts von zwei französischen Köchen erfunden worden waren. Die Popularität von Letzterer litt verständlicherweise ein wenig unter dem Umstand, dass es weitere hundert Jahre dauerte, bevor ein einigermaßen zuverlässig funktionierendes Gerät erfunden wurde, mit dem sich die Dose öffnen ließ.

Man kann sich also die Menschenmengen vorstellen, die sich vor dem Schaufenster eines Ladens drängelten, der Mitte des 19. Jahrhunderts in der vornehmen Londoner Einkaufsstraße Strand eröffnet hatte. Hinter der Scheibe stand einzig und allein ein massiver Eisblock, durchsichtig und bläulich schimmernd.

Er hatte einen weiten Weg hinter sich: von Massachusetts quer über den Atlantik bis nach England, wo er verkauft werden sollte. Die Schaulustigen waren sich daher auch nicht schlüssig, ob sie den Ladenbesitzer als Spinner verspotten oder als Geisteskranken bedauern sollten. Eine Zeitung diagnostizierte dann auch vorschnell die »Schrulle eines desorientierten Gehirns«.

Aber Frederic Tudor war alles andere als orientierungslos. Er war zwar ein schwieriger Charakter, unempfindlich gegenüber jeglicher Kritik, eitel und voller

Verachtung für seine Konkurrenz. Aber er wusste genau, was er tat und was er wollte, und dies schon seit vielen Jahrzehnten. Schon als junger Mann hatte er Kopfschütteln ausgelöst, als er Eisblöcke aus Neuengland in die Karibik exportierte. Im Jahre 1833 schickte er die erste mit 180 Tonnen Eis bepackte Fregatte von Massachusetts auf eine 26 000 Kilometer weite und vier Monate lange Reise nach Kalkutta. Bei der Ankunft waren noch immer 100 Tonnen Eis übrig, die er mit dickem Gewinn verkaufte. Nun wollte er den europäischen Markt mit Eis aus neuenglischen Seen erschließen.

Tudor hatte erkannt, dass man den vergänglichen Rohstoff haltbar und transportfähig machen konnte, wenn man ihn mit Sägespänen isolierte. Die Spötter verstummten bald, denn sein Geschäftsmodell setzte sich schnell durch. Eis wurde, gemessen am Gewicht, für mehrere Jahrzehnte Amerikas zweitgrößtes Exportgut, und Tudor machte ein Vermögen.

Zugleich aber revolutionierte er die Welt des Transports. Es dauerte nicht lange, und Amerikas Eisenbahngesellschaften koppelten neuentwickelte Eiswaggons an ihre Transkontinentalzüge. Zum ersten Mal konnte nun Frischfleisch aus den gigantischen Schlachthöfen von Chicago, wohin Cowboys die Rinderherden aus Texas getrieben hatten, zu Käufern an der Ost- und Westküste, nach New York und San Francisco gebracht werden. Und der Transport funktionierte auch in umgekehrter Richtung: Im Jahre 1842 traf der erste frische Hummer aus dem US-Bundesstaat Maine in Chicago ein.

Lebensmittelproduzenten in aller Welt eröffneten sich über Nacht völlig neue Chancen und vor allem neue Märkte. Argentinien beispielsweise konnte nun Rindersteaks nach Europa und Nordamerika verschiffen. Tudors Eis hatte darüber hinaus unerwartete volkswirtschaftliche und soziale Konsequenzen. Jahrhundertelang hatten Kleinbauern ihre unmittelbare Nachbarschaft mit allen landwirtschaftlichen Produkten versorgt – vom Ei über die Kartoffel bis zur Schweinehälfte. Die Verderblichkeit ihrer Ware setzte ihrem potentiellen Markt buchstäblich enge Grenzen. Nun aber konnten Agrarkonzerne in großem Umfang für große Märkte produzieren: Tudors Eis bedeutete das Ende für die traditionelle Landwirtschaft.

Aber auch Tudor konnte Nahrungsmittel nur zeitweise kühlen und nicht dauerhaft konservieren. Die meisten Versuche schlugen fehl, weil eingefrorene Produkte nach dem Auftauen unförmig matschig und ungenießbar geworden waren. Die Ursache war bekannt: Beim langsamen Gefrieren bilden sich Eiskristalle, welche die Zellstrukturen im toten Huhn oder im Blattspinat bersten lassen.

Eine Lösung des Problems fand 1912 ein amerikanischer Fellhändler und Fallensteller aus Labrador. Clarence Birdseye hatte beobachtet, wie das von den einheimischen Eskimos tiefgekühlte Robben- und Rentierfleisch monatelang genießbar blieb. Der Trick: Der Kühlprozess musste so schnell ablaufen, dass sich die zerstörerischen Eiskristalle gar nicht erst bilden konnten.

Birdseye ließ sich das Verfahren patentieren und eröffnete 1924 seine eigene Firma für Tiefkühlkost. Der alte Abenteurer Birdseye lebt übrigens bis heute fort: als Käpt'n Iglo. Die Fischstäbchenfirma ist der deutsche Ableger des US-Unternehmens.

Colombian Exchange: Transatlantischer Töpfetausch

Was wäre die italienische Küche ohne die Tomate? Ist thailändisches Satay ohne Erdnuss-Sauce vorstellbar? Ein indischer Curry ohne feurige Chilischoten taugt genauso wenig wie mexikanische Nachos ohne Käse. Und ein Double Whopper ist sowieso erst komplett mit Fritten und Ketchup.

Untrennbar scheinen all diese Zutaten und Beilagen mit ihrer jeweiligen nationalen Küche verbunden zu sein. Und doch waren sie bis weit in die Neuzeit hinein in diesen Regionen überhaupt nicht bekannt. Sie alle sind relativ neue Importe.

Noch im Mittelalter ernährten sich die Italiener ebenso wie der Rest Europas von Grütze, Graupen und Grieß, dazu kamen Bohnen und Brot. Fleisch gab es nur – buchstäblich – zu heiligen Zeiten, also an hohen kirchlichen Feiertagen sowie zu Hochzeiten und Beerdigungen.

Indiens Cuisine wiederum war zwar nicht unbedingt geschmacklos. Das zeigt schon die Begeisterung, mit welcher die frühen britischen Kolonialisten die seltsamsten Saucen und Chutneys mit zurück auf die Insel nahmen. Aber richtig scharf aß man nicht auf dem Subkontinent. Und in Mexiko waren, ebenso wie anderswo in Mittel- und Südamerika, Molkereiprodukte gänzlich unbekannt.

Was uns heute so alltäglich erscheint, ist Folge eines Prozesses, den die Wissenschaft »Colombian Exchange« nennt. Das klingt zwar ein wenig nach »French Connection«, hat aber nichts mit Kokain aus Kolumbien zu tun. Bei diesem »kolumbianischen Austausch« blickten Europäer und Amerikaner vielmehr einander in die Kochtöpfe. Was sie dabei entdeckten, mundete ihnen in vielen Fällen so gut, dass sie auch daheim nicht mehr darauf verzichten wollten. Deshalb packten sie neben den Rezepten auch gleich die notwendigen Zutaten – Pflanzen, Früchte und Tiere – auf ihre Schiffe.

Es steht außer Frage, dass Europa von diesem Austausch mehr profitierte als Südamerika. Denn die Neue Welt hatte ganz einfach mehr zu bieten, und vielleicht waren die Europäer nach Jahrhunderten einfallsloser Kost mit Haferschleim und gegrilltem Ochsen auch kulinarisch ein wenig abenteuerlustiger.

Mehr als hundert essbare Pflanzenarten wachsen zwischen Rio Grande und Feuerland, und die Konquistadoren und ihre Nachfolger konnten sich an ihnen nicht sattsehen und vor allem nicht satt essen. Die meisten dieser Pflanzen haben heute jeden Hauch von Exotik verloren und muten an, als ob sie schon immer bei uns heimisch gewesen wären. Dennoch bleibt die Liste der importierten Waren beeindruckend, zeigt sie doch, wie arm die europäische Küche vor der Entdeckung Amerikas gewesen sein muss: Kartoffeln, Tomaten, Sonnenblumen, Kürbisse, Auberginen, Avocados, Erdnüsse, Süßkartoffeln, Maniok,

Cashewnüsse, Ananas, Papaya, Guave, Yamswurzel, Mais, Vanille, Schokolade und Chilis – rund 60 Prozent aller heute weltweit angebauten Nutzpflanzen stammen ursprünglich aus Amerika.

Chilis wurden in Europa allerdings nicht heimisch. Klima und Bodenbeschaffenheit vertragen sich nicht mit den Anforderungen des Capsicum-Strauches, der in Mexiko erstmals 3500 v. Chr. kultiviert wurde und dessen Früchte in der Nahuatl-Sprache Chili heißen. Spanische und portugiesische Seefahrer brachten die knallroten Schoten schließlich nach Indien, wo die Pflanzen blühten und gediehen und rasch Eingang in die lokale Küche fanden.

Kleiner Exkurs

Zu sagen, dass Europäer sich an scharfes Essen allmählich gewöhnt haben, wäre eine schamlose Untertreibung. Als Gesellschaft und als Esser haben wir uns Hals über Kopf hineingestürzt in höllisch scharfe Pfeffer und Paprikapulver. Und jedes Jahr vertrugen wir eine höhere Dosis – wofür es sogar wissenschaftliche Belege gibt.

Noch in den milden sechziger Jahren fächelten wir uns dramatisch mit der Serviette Luft zu nach dem Genuss eines indischen Currys, der vielleicht gerade einmal 2000 Einheiten auf der Scoville-Skala erreichte. Der amerikanische Chemiker Wilbur Scoville hatte 1912 diese Maßeinheit eingeführt, weil er endlich genau wissen wollte, wie sehr er sich die Zunge und die Mundschleimhäute verbrannte. Nach seinen Messungen ist der Pfeffer umso schärfer, je mehr Einheiten Zuckerwasser man benötigt, um eine Einheit von Capsacin – dem eigentlichen Schärfewirkstoff – bis zur Harmlosigkeit zu verdünnen. Eine Paprikaschote kommt daher auf keine einzige SHU (Scoville Heat Unit), weil sie ganz ohne Zuckerwasser genießbar ist. Handelsüblicher Cayennepfeffer hat 4000 SHU, und reines Capsacin enthält lebensbedrohende 16 Millionen SHU. Einen einzigen Tropfen davon muss man schon in einem Swimmingpool mit Zuckerwasser auflösen, bevor man es wagen kann, seine Zunge hineinzutauchen.

In den 80er Jahren aber hatten die Europäer ihre Geschmacksnerven schon so weit gestählt, dass sie ein extrascharfes Vindaloo-Gericht mit 10 500 SHU wegputzen konnten, ohne dass ihnen der Schweiß ausbrach. Seit den 90er Jahren bieten manche thailändische Restaurants sogar Currys mit bis zu 50 000 SHU an.

Eine britische Supermarktkette hat seit kurzem mit »Dave's Ghost Pepper Sauce« das Würz-Äquivalent zur Wasserstoffbombe im Sortiment. Mit 800 000 SHU benötigt das Fläschchen einen eigenen Warnhinweis: »Nicht ohne Nahrung zu sich nehmen. Pur genossen kann dieses Produkt Verbrennungen und andere Verletzungen auslösen.«

Warum aber sind wir so vernarrt in scharfe Kost? Man kann ja nicht sagen, dass man sie sich genussvoll auf der Zunge zergehen lassen kann. Auch hier kennt die Wissenschaft die Antwort: Eigentlich emp-

findet unser Organismus die Schärfe als unangenehm, ja als schmerzhaft. Doch gerade deshalb gibt
das Gehirn den Befehl zur Produktion des körpereigenen Glücksstoffes Endorphin – gleichsam als
Löschmittel für das feurige Capsacin. Von ihrer Zu-
sammensetzung her ähneln diese Endorphine einem
wohlig stimmenden Opiat – was wiederum erklärt,
warum wir geradezu süchtig werden können nach
scharf gewürzten Speisen. Es ist nicht der Tabasco,
von dem wir nicht genug bekommen können, sondern sein mildes Gegengift.

In umgekehrter Richtung aber fanden weitaus weniger Produkte ihren Weg von der Alten in die Neue
Welt. Meist handelte es sich um Nutztiere größeren
Kalibers, also um Pferde, Rinder, Schafe und Ziegen,
die in Amerika nicht heimisch waren. Der größte eigene Säuger, der im Süden des Kontinents gehalten,
gezüchtet und gegessen wurde, war das Lama. Außerdem gab es noch das Meerschweinchen, das weder für
eine ergiebige Mahlzeit noch für einen warmen Man-
tel taugte. Und auch mit den anderen amerikanischen
Nutztieren konnte man vergleichsweise nicht sehr
viel anfangen: Truthahn, Ente, Hund und Biene warfen weder Wolle noch Milch oder reichlich Schnitzel
ab. So kam es, dass sich erst mit der europäischen Im-
portkuh das »carne« mit dem Chili verband und der
Käse auf die Nachos gelangte.

Fruchtbare kulinarische Begegnungen verschiedener Kulturen sind freilich sehr viel älter als das Zeitalter der Entdeckungen. Schon Römer und Griechen

zahlten Phantasiepreise für exotische Gewürze aus Asien, vor allem für den Pfeffer, dessen Gewicht in Gold aufgewogen wurde. Weniger bekannt ist, dass auch eines der ältesten Gemüse der Welt aus Asien nach Europa gebracht wurde: die Gurke.

Sie wurde erstmals vor 4000 Jahren in Südindien kultiviert, von wo aus sie allmählich nach Westen wanderte. Dank Kolumbus gelang ihr der Sprung über den Atlantik: Der genuesische Seefahrer und Entdecker führte sie 1494 auf der Insel Hispaniola ein.

Kaffee wiederum war den Arabern lange vor den Europäern bekannt. Sie bezogen die Bohnen des Bunn-Strauches aus Äthiopien. Bis heute macht das Arabische einen Unterschied zwischen Kaffee in Bohnenform und Kaffee in der Tasse: Ersterer heißt noch immer »bunn«, die Tasse Kaffee aber ist »qahwa« – aus dem sich unser Wort »Kaffee« abgeleitet hat.

In der arabischen Welt verbreitete sich der neue Trank rasend schnell: Der erste Kaffee wurde in der jemenitischen Hafenstadt Mocha, nur wenige Stunden von der äthiopischen Küste entfernt, gebraut. Die Pioniertat der Stadt wurde für alle Zeiten verewigt – im Mokka. Im Jahre 1511 eröffnete dann bereits das erste Kaffeehaus mehrere Hundert Kilometer weiter nördlich in der heiligen Stadt Mekka. Schon 20 Jahre später hatte der Modetrunk die osmanische Kapitale Konstantinopel erreicht.

Da die Osmanen ihr Leibgetränk auch auf ihren Feldzügen nicht missen wollten, konnten die Wiener nach dem Abzug der türkischen Truppen aus ihrer Stadt im Jahr 1683 ein paar Säcke der aromatisch duftenden Bohnen erbeuten. Aber schon vorher hatten Händler den Kaffee in Venedig bekannt gemacht.

Wie wohl nicht anders zu erwarten, leistete die Kirche zunächst erbitterten Widerstand gegen den neumodischen »Türkentrank«. Erst Papst Clemens VIII. hob Ende des 16. Jahrhunderts das Verbot auf, nachdem er selber ein Tässchen gekostet hatte. »Dieser Teufelstrank ist so köstlich, dass wir ihn betrügen sollten, indem wir ihn taufen«, verkündete er. Noch Johann Sebastian Bach machte sich in seiner Kaffeekantate über die süchtig machende Wirkung des Kaffees lustig, und Carl Gottlieb Hering, der heute vergessene Autor der Kinderlieder »Hopp, hopp, hopp, Pferdchen, lauf Galopp« und »Morgen, Kinder, wird's was geben« dichtete im 19. Jahrhundert: »C – a – f – f – e – e, trink nicht so viel Caffee, […] sei doch kein Muselman, der es nicht lassen kann.«

Heute aber ist der Kaffee das populärste Heißgetränk der Welt. Dank Starbucks haben sogar Amerikaner die Kunst einer gut gebrühten Tasse erlernt, und mittlerweile greifen auch die teetrinkenden Chinesen und Japaner immer öfter zum Kaffee: Rund um den Globus werden heute eine halbe Billion Tassen Kaffee getrunken – Tag für Tag.

Stille Helden

General Antonio Lopez de Santa Anna (1794–1876)

Für seine mexikanische Heimat war General Santa Anna fraglos eine nicht endende Katastrophe: Als Feld-

herr wurde er in so gut wie jeder Schlacht geschlagen, in die er zog; als Präsident verlor er mehr als die Hälfte des Staatsgebietes an die Amerikaner im Norden, und als Mensch erwies er sich als doppelzüngig, verlogen, dummdreist und habgierig. Ein rundum netter Zeitgenosse.

Für die Vereinigten Staaten hingegen entpuppte sich der Mexikaner geradezu als Wohltäter – und dies nicht nur, weil die USA es seiner Unfähigkeit zu danken haben, dass sie Texas, Kalifornien, Utah, New Mexico, Arizona und Nevada ihrem Territorium einverleiben konnten. Vielleicht entscheidender ist, dass den Amerikanern ohne Santa Anna ihr wahrscheinlich wichtigstes identifikationsstiftendes Element fehlen würde: der Kaugummi.

Dass gerade Santa Anna den Yankees ihren liebsten Zeitvertreib schenkte, ist insofern bemerkenswert, als Santa Anna zu seiner Zeit einer jener ausländischen Todfeinde war, die sich die Vereinigten Staaten in periodischen Abständen zulegen und in ihren Medien gründlich verteufeln. Damals war Mexiko der Erzfeind, so wie es in den sechziger Jahren die Kommunisten in Moskau, Peking und Hanoi waren. Wenn also Santa Anna für den Chewing Gum verantwortlich ist, dann ist das so, als ob Ho Chi Minh den Amerikanern den Hot Dog und Osama bin Laden den Martini gestiftet hätte.

Ein langweiliges Leben führte Santa Anna jedenfalls nicht. Trotz seiner unübersehbaren Unzulänglichkeiten war er elfmal Präsident Mexikos, wenn auch einmal davon nur für vierzehn Tage. Den einzig nennenswer-

ten Erfolg als Staatschef und als Militärführer erzielte der General in Texas, als er mit einer drückend überlegenen Armee eine Handvoll amerikanischer Cowboys und Abenteurer in dem Missionsgebäude von Alamo nach 13-tägiger Belagerung besiegte und die wenigen Überlebenden gnadenlos abschlachten ließ. Der Erfolg entpuppte sich bald als Pyrrhussieg: Die Grausamkeiten fachten den Widerstand der Texaner nur weiter an.

Wenig später verlor Santa Anna in einer weiteren Schlacht dann auch noch ein Bein, das in der Folge ein bewegtes Eigenleben entwickeln sollte. Zunächst ordnete er die feierliche Beisetzung des Körperteils in einem eigens dafür errichteten Mausoleum in Mexico City an. Aus dem raubte es allerdings kurz darauf ein Mob, der es mit dem Ruf »Tod dem Krüppel« durch die Straßen trug. Nicht viel besser erging es den beiden Prothesen, die er sich hatte anfertigen lassen – eine schlichte für alle Tage und ein technisch ausgereiftes Modell für besondere Anlässe. Beide fielen den Amerikanern in die Hände. Die schicke Prothese ist noch heute im Militärmuseum des Bundesstaates Illinois zu bewundern. Das einfache Holzbein sicherte sich der US-General Abner Doubleday. Er spielte mit ihm Baseball.

Ohne Macht, ohne Geld und ohne Bein landete der von seinen Landsleuten letztendlich verjagte Santa Anna Ende der sechziger Jahre des 19. Jahrhunderts in New York. Dort fiel einem seiner Bekannten, dem Erfinder Thomas Adams, die Angewohnheit des Generals auf, zu allen Tageszeiten Chicle zu kauen. Auf *diese gummiartige Masse schwörten schon die Mayas als patentes Beruhigungsmittel.*

Adams interessierte sich zunächst für Santa Annas Kaumaterial, weil er eigentlich Gummi für Reifen oder Regenmäntel herstellen wollte. Als das misslang, setzte er dem Chicle Zucker zu und vermarktete das neue Produkt unter dem Namen »Adam's New York No. 1«. Schon bald konnten die Amerikaner nicht genug bekommen von der neuen Leckerei. Die Neuheit war so populär, dass der Backpulverfabrikant William Wrigley aus Chicago den Absatz seines eigenen Produktes dadurch zu beflügeln hoffte, dass er jedem Päckchen Backpulver einen Kaugummi beilegte. Das Ergebnis übertraf alle Erwartungen, wenn auch nicht so, wie er es sich erhofft hatte. Denn die Leute warfen das Pulver weg und kauten nur den Kaugummi. Wrigley erkannte den Wunsch der Kunden und stellte die Produktion um. Heute hat die Wrigley Company einen weltweiten Jahresumsatz von fünf Milliarden Dollar.

Nur General Santa Anna hatte nichts davon. Er starb völlig verarmt und einsam 1876 in Mexico City.

Mit dem Duden zum Gemüsehändler

Haben Sie sich schon mal gefragt, warum die Schlange im Paradies Adam und Eva ausgerechnet mit einem Apfel verführt hat? Im Garten Eden gab es schließlich alle Pflanzen und Früchte, welche dieser Planet hervorzubringen imstande ist. Es hätten ja auch Birnen am Baum der Erkenntnis hängen können, oder Kirschen, oder vielleicht sogar Oliven, eine sehr edle, alte und ehrenwerte Frucht.

Dass es ein schlichter Apfel war, zeigt allerdings, um wie viel stärker diese Frucht im Bewusstsein der Menschheit verankert war. Forscher gehen davon aus, dass Äpfel die ersten Früchte waren, die von Menschen gegessen wurden – wenn auch anfangs nur in Gestalt wildwachsender und saurer Holzäpfel. Doch vermengt mit Honig dürften sie schon damals eine willkommene leckere Abwechslung vom alltäglichen Einerlei gewesen sein. Auch sprachlich reicht der Apfel weit in die Vorgeschichte zurück: Das Urwort im Proto-Indogermanischen lautete vermutlich »abel« und wurde – mit mehr oder weniger starken Veränderungen – von den meisten europäischen Sprachen übernommen: apple (englisch), äpple (schwedisch), jabloko (russisch), obuolas (litauisch), afal (walisisch).

Südeuropäische Sprachen wiederum zollten dem Apfel auf andere Weise besonderen Tribut: Sie verwendeten für ihn anfangs dasselbe Wort wie für Frucht schlechthin – ein Zeichen für seine Bedeutung. Das gilt für das griechische »melon« (die Wurzel unserer Melone) ebenso wie für das lateinische »pomum«.

Quer durch die Jahrhunderte hat der Apfel seine Sonderstellung in Märchen und Mythen beibehalten. Der Jüngling Paris musste bei seinem »Schönheitsurteil« der Siegerin einen Apfel überreichen – aus dem dann unser sprichwörtlicher Zankapfel wurde.

Die Äpfel der Hesperiden verliehen den griechischen Göttern ewige Jugend, Schneewittchen erstickte an einem Apfelstück, und New York ist der

Big Apple, ein Ehrentitel, den vorher schon das mächtige Konstantinopel trug.

Andere Früchte und Gemüsesorten mögen diese Bedeutung nicht haben. Doch ihre Geschichte birgt nicht weniger Überraschungen. Folgen Sie mir daher auf einem etymologischen Einkaufsbummel beim Gemüsehändler.

Aprikose: Die Römer nannten sie »praecocum«, die Frühreife, weil sie vor Pfirsich und Pflaume reifte. Die Byzantiner Griechen übernahmen das Wort als »berikokken« und gaben es als »birquq« an die Araber weiter. Die brachten es, komplettiert um den bestimmten Artikel, als »al-birquq« nach Spanien, wo es zu »albaricoque« mutierte. Von hier waren es nur noch wenige sprachliche Schritte bis zu unserer Aprikose.

Aubergine: Sie kam aus Indien, wo sie auf Sanskrit »vatinganah« genannt wurde, was wörtlich so viel heißt wie »der Wind geht«. Unbestritten ist, dass damit Darmwinde gemeint waren, unklar war indes, ob die Aubergine diese Winde hervorrief oder bekämpfte. Getragen von guten Winden, erreichte die Frucht Persien, wo man sie »badingan« nannte, woraus im Arabischen »al-badhinjan« wurde. Auch hier waren es die Mauren, welche den Exoten über Spanien nach Europa brachten. Die spanische »alberginia« wuchs sich schließlich zu unser heutigen Aubergine aus.

Avocado: Als die spanischen Konquistadoren in Südamerika zum ersten Mal den Namen dieser seltsamen Frucht übersetzt bekamen, konnten sie sich ein Kichern wahrscheinlich nicht verkneifen. Denn das Nahuatl-Wort »ahuacatl« bedeutete Hoden – ein Wortspiel mit der Form der Frucht. Allmählich schliff sich das im Spanischen zu »avocado« ab. Das bedeutet zwar auch Anwalt, doch Verwechslungen wurden selten bekannt.

Banane: Als ganz besondere Rarität war sie vereinzelt schon im alten Rom bekannt. Sie war auf verschlungenen Handelswegen aus Südostasien in den Mittelmeerraum gelangt. Die Römer bezeichneten die fremde Frucht als Feige. Muslime pflanzten sie in Indien und im Nahen Osten an, spanische und portugiesische Eroberer brachten sie über den Atlantik nach Amerika – zusammen mit ihrem afrikanischen Namen »banana«. Ob dieses Wort, das aus einer im Kongo gesprochenen Sprache stammen soll, etwas anderes bedeutete als die Frucht, wurde nie aufgeklärt. Bis heute hat die Banane dieses Geheimnis nicht preisgegeben.

Birne: In der Bibel spielt sie zwar im Gegensatz zum prallen Apfel keine Rolle; im Ernährungsplan der Menschen aber dürfte die Birne auch schon seit Jahrtausenden präsent gewesen sein. Eine sumerische Keilschrift aus dem Jahr 2750 v. Chr. enthält ein Rezept – im medizinischen Sinn – für einen Wickel aus getrockneten Birnen. Die Ursprünge des Wortes, das wir für die Frucht benutzen, verlieren sich ebenfalls im Dunkel der Geschichte. Sprachforscher vermuten, dass es aus der Sprache eines Mittelmeervolkes stammt, das spurlos untergegangen ist. Denn »pirum«, das Wort der Römer für Birne, war schon im Lateinischen ein Fremdwort. Aus ihm entstanden die englische »pear«, die französische »poire« und die deutsche Birne. Leider hat sie eine schlechte Presse, und dies nicht erst, seitdem Karikaturisten eine Ähnlichkeit der Frucht mit dem Kopf von Helmut Kohl erkannten. Schon vorher gab es die Abrissbirne und vor ihr die Folterbirne, eines der schlimmsten mittelalterlichen Quäl-Instrumente.

Endivien: Sie sind Geschmackssache, aber immerhin gibt es diese Salatsorte schon ziemlich lange. Den Griechen waren sie als »entubioi« bekannt, den Römern als »intibum«. Doch die sprachliche Wurzel dieser Pflanze reicht viel, viel tiefer – ins alte Ägypten. Dort nannte man sie »tybi« – nach dem Namen für den Januar, jenem Monat, in welchem Endivien geerntet werden.

Hafer: Wenn bei Capri die rote Sonne im Meer versinkt – dann denkt sicher niemand an den Haferschleim, den es vielleicht am nächsten Tag unter dem englischen Begriff Porridge zum Frühstück gibt. Sollte man aber, denn die italienische Insel und das schlichte Getreide haben eine gemeinsame sprachliche Urgroßmutter: die Ziege. Auf Lateinisch heißt sie »capra«, und weil viele von ihnen auf dem kleinen Felseiland vor der italienischen Küste grasten, erhielt die Insel ihren Namen Capri. Der Weg von »capra« zu »Hafer« ist bei weitem undurchsichtiger, gilt unter Sprachwissenschaftlern aber als plausibel. Danach wäre Hafer früher ein Futter für Ziegen und nicht für Pferde gewesen.

Himbeere: Dass eine Stachelbeere kleine Stacheln hat und Erdbeeren dicht am Erdboden wachsen, versteht sich nicht nur von selbst, sondern erklärt auch ihren Namen. Was aber, um Himmels willen, ist das »him« in der Himbeere? Nun, dahinter verbirgt sich die Hirschkuh – im mittelalterlichen Deutsch Hinde genannt. Warum Bambis Mutter Patin stand für diese Beere, ist freilich nicht geklärt. Entweder versteckt sie sich und ihre Jungen gerne in dem dornigen Gestrüpp, oder sie frisst die Beeren genauso gerne wie wir Menschen.

Kartoffel: In Österreich nennt man sie noch immer Erdapfel, was nicht besonders phantasievoll sein mag, aber zumindest eine passende Beschreibung ist für das wohl wichtigste Grundnahrungsmittel der Europäer. Kaum vorstellbar, dass der alte Kontinent bis ins 16. Jahrhundert auf sie verzichten musste. Erst die Spanier brachten sie über den Atlantik, und mit ihr auch ihren Namen aus der Inka-Sprache Quechua: »papa«. Das verschmolz bald mit der »batata«, einer Süßkartoffel aus der Karibik, woraus die englische »potatoe« entstand. Deutschland borgte sich seinen Namen für die Kartoffel aus dem Italienischen, und der etymologische Stammbaum für die schlichte Knolle könnte edler nicht sein. Tartufolo, Trüffelchen, war der Kosename für das Knollengewächs, aus dem im Deutschen die Kartoffel entstand. Sie bereicherte übrigens auch Russland – nicht nur auf dem Teller, sondern auch im Wortschatz. Kartoffel heißt auf Russisch – kartofjel.

Kirsche: Rund fünftausend Jahre alt ist unser Wort für die kleine süße Frucht. Sie wurde erstmals als »karsu« erwähnt, auf Keilschrifttafeln aus dem dritten vorchristlichen Jahrtausend in Mesopotamien. Die Griechen machten daraus »kerasos«, die Lateiner »cerasus«, und die Germanen, welche die verführerische Leckerei zum ersten Mal an römischen Tischen kennengelernt hatten, wandelten sie zur Kirsche.

Kohlrabi: Bodenständig bayerisch klingt der Name des nicht minder hausbackenen Gemüses, aber seine Herkunft ist feurig italienisch. »Cavoli rape« hört sich nach einer Opernarie oder einem neuen Ferrari-Modell an, doch das ist eben die beneidenswerte Besonderheit der italienischen Sprache. Übersetzt verbergen sich dahinter Kohlrüben. Aus dem lateinischen Wort »caulis« entsprang unser Kohl, und »rapa«, die Rübe, finden wir im gelben Rapsfeld wieder. Als Cauliravi verballhornte man zunächst den Import des Gemüses aus Italien, bis man zur Mischform aus dem deutschen Kohl und dem bayerisch-italienischen »rabi« fand.

Kokosnuss: Haben Sie sich schon einmal die Unterseite einer Kokosnuss genauer angesehen? Die drei dunklen Vertiefungen erinnern mit ein wenig Phantasie an das freche Grinsen eines Äffchens. Zumindest die portugiesischen Seefahrer, denen die Frucht zum ersten Mal in Indien begegnete, sahen eine Ähnlichkeit mit einem Grinsen – portugiesisch »coco«.

Mandarine: Den männlichen Mandarin schafften Mao Tse-tungs kommunistische Revolutionäre ab, die weibliche Mandarine hingegen zog rings um die Welt. Und doch sind der kaiserlich-chinesische Staatsbeamte und die Mini-Orange mit der schlabbrigen Haut zumindest sprachlich eng miteinander verwandt. Denn die Spanier gaben der Frucht, die sie zuerst in China kennenlernten, den Namen »mandarina« nach den orangegelben Talaren, die die Mandarine trugen. Mit einer Farbe freilich hat das Wort nichts zu tun. Es kommt aus dem Malaysischen, wo »mantri« das Wort für Berater war.

Olive: Wenn es um Symbolik geht, dann kommt die Olive gleich nach dem Apfel. Die Taube, die Noah das Ende der Sintflut verhieß, trug einen Ölzweig im Schnabel, und nicht nur im Nahen Osten ist dieser Zweig bis heute gleichbedeutend mit einem Friedensangebot. Rings ums Mittelmeer wurde die Frucht seit Menschengedenken angebaut, und dies, obwohl es kein leichtes Unterfangen ist: Sieben Jahre dauert es vom Pflanzen des Baums bis zur ersten Ernte. Aber die Olive war immer schon wertvoll – nicht nur als Salatbestandteil, sondern vor allem als Grundlage für Speiseöl. Unser Wort Öl kommt letzten Endes vom griechischen »elaion«, und dieser Ausdruck leitet sich wiederum von »elaia« ab, griechisch für Olive. Für die Griechen, wie für andere Völker, waren Öl und Oliven praktisch identisch.

Orange: Wie ihre kleine Schwester, die Mandarine, so stammt auch die Orange ursprünglich aus China. Es wäre jedoch falsch anzunehmen, dass sie ihren Namen nach ihrer Farbe erhalten hat. Es war vielmehr umgekehrt: Die Frucht stand Pate für den Farbton. Wie so viele ostasiatische Neuheiten, so erreichte auch die Orange Europa über Indien – mitsamt dem Namen, den man ihr dort gegeben hatte: »naranga«, was über das persische »narang« zum arabischen an-»naransch« mutierte. Die Spanier, denen die arabischen Mauren die Apfelsine schmackhaft gemacht hatten, gaben der Frucht eine weibliche Endung – »naranja«. In Frankreich verlor das Wort seinen Anfangsbuchstaben und verwandelte sich zu »orange«, vielleicht auch beeinflusst von der Tatsache, dass die südfranzösische Stadt gleichen Namens sich zu einem Anbaugebiet für Orangen entwickelte. Die Stadt freilich hieß lange vor dem Auftauchen der Orange in Europa Orange. Deshalb stand hier auch keine Zitrusfrucht Pate, sondern ein keltischer Wassergott namens Arausio.

Pfirsich: Er wurde ursprünglich in China kultiviert, aber da er über Persien seinen Weg nach Europa fand, trägt er bei uns den Namen dieses, wenn man so will, Zwischenhändlers. Für die Griechen war er »melon persikon«, für die Römer »malum persicum«: der persische Apfel. Aus ihm entstanden »pêche« und »peach« und »Pfirsich«. Im Holländischen und Russischen ist die geographische Herkunft noch am besten enthalten: Da heißt die Leckerei »persik«.

Rhabarber: Man weiß nie, wo das »h« hinkommt und wo das »r«. Rahbarber? Rharbarber? Von allen Produkten beim Gemüsehändler besitzt der Rhabarber den kompliziertesten Namen. Zudem ist er das einzige Grünzeug, das über Russland nach Europa kam. Aus China, wo der Rhabarber zuerst gezüchtet worden war, zog er über die Wolga – entlang der sogenannten Rhabarber-Straße – in den Westen. »Rha« aber war, so behauptet es jedenfalls der römische Historiker Ammianus Marcellinus, der antike Name dieses Flusses. Und da die Wolga durch wilde, unzivilisierte Breiten floss, hängte man das Adjektiv »barbarum« an das Wort an. Rhabarber steht also für die barbarische Wolga.

Spinat: Auch wenn sich Popeye noch so ärgert, Generationen von Kindern hatten recht, als sie den Teller mit der grünen Pampe unwirsch weit von sich schoben: Spinat macht nicht stark, und sein Eisengehalt ist auch nicht höher als der einer Büroklammer.

Lange Zeit begegneten auch Erwachsene dem neuen Gemüse eher skeptisch. Es dauerte Jahrhunderte, bevor sich der Spinat in Europa durchsetzte, und anfangs auch nur eingekocht und gesüßt in einem Gebäck, quasi eine grüne Variante des Karottenkuchens. Die Araber aber, die den Spinat wie so viele andere Dinge nach Spanien brachten, hielten große Stücke auf ihn: Prinz der Gemüse nannten sie den »isfanasch«, ein Wort, das sie dem persischen »aspanach«

entlehnt hatten. Spanien wurde zum Hauptanbaugebiet des Spinats, der daher in Frankreich lange Zeit als »herbe d'Espagne«, spanisches Kraut, geläufig war. Im Spanischen sprach man von »espinaca«, und dieses Wort schließlich gelangte über einen holländischen Umweg (»spinaetse«) nach Deutschland.

Tomate: Die Italiener nennen sie romantisch »pomodoro«, den Goldapfel, und darin schwingt noch der frühe Glaube mit, dass die exotische prallrote Frucht aus Mittelamerika ein Aphrodisiakum sein könnte, welches das Liebesleben befeuert. In England sprach man eine Zeitlang von Liebesäpfeln – und meinte damit nicht kandierte rotbackige Leckereien sondern Tomaten. Die Azteken, denen wir nicht nur die Frucht, sondern auch ihren Namen verdanken, sprachen sehr viel schlichter von »xitomatl« – was man auf Deutsch etwa als »ein molliges Ding mit einem Nabel« wiedergeben würde. Es dauerte lange, bis die Europäer ihre Skepsis gegenüber diesem Nachtschattengewächs überwanden, dem man unter anderem nachsagte, Gicht und Krebs zu verursachen.

Vanille: Über die Bezeichnung Hoden für die lateinamerikanische Avocado mögen die Spanier noch gelacht haben, doch bei der Benennung der Vanilleschote griffen sie selbst zu Vergleichen aus der Sexual-Anatomie. Eine »vainilla« ist die Verkleinerung von »vaina«, und dieses Wort leitet sich nicht von ungefähr von der Vagina ab. Am nächstliegenden ist es, dass das Aussehen der Schote zu diesem Begriff führte. Vielleicht aber wirkte in den Hinterköpfen auch der Gedanke an ein Aphrodisiakum mit. Denn die Azteken fügten Vanille der Schokolade zu, und dieser Trank galt als potentes Liebesmittel.

Walnuss: Sie ist das Ergebnis germanischer Frem-
denfeindlichkeit – ebenso wie der britische Landesteil
Wales, die belgische Wallonie oder ganz generell die
Welschen, wie man in Landen deutscher Zunge die
Italiener einst beschimpfte. Die Vorsilbe »wal-« beschrieb im Althochdeutschen alles, was fremdartig
und vor allem südländisch war. Die germanischen
Angelsachsen nahmen das Wort mit hinüber auf die
Insel, wo sie die dortigen keltischen Einheimischen
als Waliser titulierten – als Fremde. Und fremd war
den Nordlichtern Europas auch die südländische
Walnuss erschienen – im Gegensatz zur heimischen
schwarzbraunen Haselnuss. Und so nannten sie sie
denn auch einfach Fremdnuss.

Zwiebel: Auch sie ist ein Überbleibsel vorgeschichtlicher Zeiten, dessen Genuss schon unsere Steinzeit-
vorfahren erfreut haben dürfte. Ihr Name mag zwar
urdeutsch klingen, dennoch kommt er aus dem Italienischen: die »cipolla« ist eine Urenkelin der lateinischen »cepulla«, bei der es sich wiederum um die Verkleinerung von »cepa« handelt. Letztere ist gleichsam
die europäische Ur-Zwiebel, doch woher die Römer
dieses Wort entliehen, ist unbekannt. Sicher ist nur,
dass es kein ursprünglich lateinischer Ausdruck ist.
Eingedeutscht wurde die »cipolla« durch die Volks-
etymologie, die das Wort als »zwi-bolle« las, also als
Doppelknolle, wie sie unter der Erde heranreift.

Verraten und verkauft:
Kommerzielles

Irgendwelche Turnschuhe oder Nike? Ein Billig-Laptop oder einer von Apple? Je nachdem, ob man auf den Preis achtet oder auf die Marke, macht dies einen nicht unerheblichen Unterschied. Aber wie steht es mit Schokocreme oder Papiertaschentüchern? Richtig, die heißen bei den meisten Leuten Nutella oder Tempo, auch wenn sie von einer anderen Firma hergestellt wurden, und wenn man in Amerika oder England lebt, dann verlangt man ebenso selbstverständlich nach Kleenex, wenn man sich schnäuzen will.

Es mag zwar Konsumenten geben, die sich Labels, Brands und Markennamen überlegen fühlen und kaufen, was am preisgünstigsten ist. Aber die meisten von uns greifen doch im Zweifel nach Produkten, deren gute Namen Qualität, Zuverlässigkeit und Gegenwert fürs Geld versprechen. Vor die Wahl gestellt, ob man einen No-Name-Staubsauger aus koreanischer Produktion kauft oder einen soliden, guten Markensauger, fällt die Entscheidung – vorausgesetzt, man verfügt über das erforderliche Kleingeld – nicht schwer.

So alt wie die Menschheit sind Markennamen sicher nicht, aber geben wird es sie vermutlich schon so lange, wie mehr als nur ein Bäcker, Schuster oder Schmied in einem beliebigen Dorf sein Handwerk ausübte. Wenn Martin bessere Brötchen buk als Bernhard und Dietrich schneller und preisgünstiger die Pferde beschlug als Franz, dann sprach sich das selbstverständlich herum. Mundpropaganda war die erste Form der Werbung, und es ist kein Zufall, dass sie noch heute die erfolgreichste Art und Weise ist, ein Produkt oder eine Dienstleistung nicht nur bekannt zu machen, sondern ihnen auch den Anstrich von Seriosität und Qualität zu verleihen. Was könnte schließlich objektiver sein als das Urteil eines anderen Kunden?

Der Bäcker Martin freilich oder der Schmied Dietrich waren indes nur in ihrer unmittelbaren Nachbarschaft bekannt – im eigenen Dorf und vielleicht noch in den Nachbargemeinden. Im Fernhandel waren es weniger die Hersteller bestimmter Waren, deren Namen ein Begriff waren, als die Händler, die die Waren quer durch die Welt transportierten. Familien wie die Fugger oder die Welser garantierten mit ihrem Namen Zuverlässigkeit, Schnelligkeit und Ehrlichkeit. Später kamen dann vor allem die Postillione der Familie Thurn und Taxis hinzu.

Eine Ausnahme bildeten die Klöster. Die frommen Männer und Frauen hatten sich schon früh auf die Herstellung verschiedener Delikatessen verlegt – in flüssiger wie in fester Form. Aber vor allem die Braukunst der Brüder ließ den Ruf so manchen Klosters weit über die engen regionalen Grenzen hinaus anwachsen. Das gilt zum Teil bis heute: Das Bier der Klosterbrauerei Andechs lässt Kenner seit mehr als 500 Jahren mit der Zunge schnalzen.

Andere Brauereien sind noch älter, und obwohl sie den Namen eines religiösen Ordens tragen, wurden sie nie von Mönchen betrieben. Die 1363 erstmals urkundlich erwähnte Münchner »Bräustatt bey den

Franziskanern« wurde von einem gewissen Seidel Vaterstetter gebaut. Er wusste, wie wertvoll ein guter Produktname sein konnte, und lieh ihn sich von seinen frommen Nachbarn aus.

Dass es freilich lange vor dem europäischen Mittelalter Markennamen, Marketing und witzige Werbesprüche gab, entdeckten Archäologen in der von einem Ausbruch des Vesuvs völlig zerstörten römischen Stadt Pompeji. In den Vorratskellern und -kammern der wohlhabenderen Bewohner der Stadt fanden sie Amphoren mit Wein, die die Aufschrift »Vesuvinum« trugen – ein Wortspiel aus dem Namen des Vulkans Vesuvius und dem lateinischen Wort für Wein, »vinum«. Es ist zudem das früheste verbürgte Beispiel für eine Herkunftsbezeichnung, wie sie fast zwei Jahrtausende später die Europäische Union für eine Reihe von Nahrungsmitteln festlegte: »Vesuvinum« konnte nur aus Pompeji stammen, so wie etwa ein bestimmter Schinken aus dem Schwarz- und Gurken aus dem Spreewald.

Deutschlands ältester Markenname ist wahrscheinlich jener der Aachener Bäckerei Lambertz. Seit 1688 stellt sie nachweislich Aachener Printen her, das berühmte Lebkuchengebäck der Stadt. Kurz darauf folgen der Kölnischwasser-Produzent Johann Maria Farina (1709), die Meißner Porzellanmanufaktur (1710), der Solinger Messerschleifer Zwilling (1731) und der fränkische Bleistifthersteller Faber-Castell (1761).

Eine der berühmtesten deutschen Marken wurde übrigens von einem Italiener begründet. Signor Farina war als junger Mann aus seiner italienischen Heimat zu seinem Bruder nach Köln gezogen und experimentierte dort mit ätherischen Ölen und Essenzen – darunter Orange, Limone und Bergamotte. Mit einem »italienischen Frühlingsmorgen nach dem Regen« verglich er seinen Duft. Benannt hat er ihn freilich nach seiner Wahlheimat Köln: Eau de Cologne entwickelte sich zu einem Weltschlager, nicht zuletzt nachdem bekannt geworden war, dass der Franzosenkaiser Napoleon sich nur mit dem Wässerchen aus dem Hause Farina bestäubte. Farina gelang schließlich etwas, was nur wenigen Herstellern vergönnt war: Aus dem Produktnamen wurde der Gattungsbegriff. Jedes Duftwässerchen eines jeden Konkurrenten hieß automatisch Kölnischwasser.

Kleiner Exkurs

Bis aufs Messer tobte der Kampf um den lukrativen Eau-de-Cologne-Markt. Allein in Köln drängelten sich 64 Hersteller, die vor keinem schmutzigen Trick zurückschreckten. Doch inmitten dieses Piranha-Beckens behauptete sich eine fromme Nonne: Maria Clementine Martin hatte in Klöstern Pflanzenheilkunde studiert und auf dem Schlachtfeld von Waterloo verwundete Soldaten verarztet, bevor sie sich 1825 in der Domstadt selbständig machte. Doch es war nicht ihr Kölnischwasser, das sich durchsetzte, sondern das »Ächte Spanische Carmeliter-Melissenwasser«. Dass sie auf eine Goldgrube gestoßen war, dämmerte ihr spätestens, als Nachahmer auf den Plan traten. Doch sie wusste sich zu helfen: Von Preußen-König Friedrich Wilhelm III. persönlich erbat die Klosterfrau das Recht, das Etikett ihres Melissengeistes mit dem preußischen Staatswappen zu schmücken. Wer das fälschte, bekam es mit dem preußischen Staat zu tun. Noch heute prangt das Wappen auf den Flaschen. Nie war es so wertvoll wie heute.

Einem Rivalen freilich genügte das nicht. Der Kölner Wilhelm Mülhens wollte sich auch an den hervorragend eingeführten Markennamen Farina anhängen und gleichsam unter falscher Flagge sein eigenes Parfum vertreiben. Zu diesem Zwecke kaufte er 1803 einem gewissen Carlo Francesco Farina das Recht ab, dessen Namen zu verwenden. Es erübrigt sich zu erwähnen, dass dieser Carlo mit der Duft-Dynastie Farina weder verwandt noch verschwägert war. Mehr als 30 Jahre lang firmierte Mülhens' Parfum ebenfalls unter dem Namen Farina, dann erst untersagte ihm ein Gericht die illegale Verwendung.

Zu diesem Zeitpunkt hatte Mülhens junior die Firma übernommen, und er gab sich nicht so leicht geschlagen. Irgendwo in Italien trieb er einen anderen Farina auf, den er zum Teilhaber des Unternehmens machte. Als ihm auch dies untersagt wurde, zog er einen Tagelöhner namens Ludovico Franceso Farina an Land und verbandelte ihn mit seinem Haus.

Erst 1881 machten die Gerichte diesem Missbrauch ein Ende, und wie zum Trotz gab Peter Johannes Mühlhens seiner Firma nun einen bewusst langen und komplizierten Namen: Eau de Cologne und Parfümerie-Fabrik Glockengasse 4711 gegenüber der Pferdepost von Ferdinand Mülhens. Zum Glück für den Parfümkocher schrumpfte diese Bezeichnung rasch auf die Hausnummer zusammen, und heute wird eher 4711 mit Kölnischwasser assoziiert als der eigentliche Vater des Produkts, Farina.

Dass ein Produkt nur als Zahl zum Begriff wird, ist übrigens eher ungewöhnlich. Erst ein halbes Jahrhundert später gelang einem anderen Schönheitsprodukt dieses Kunststück: 8 x 4 war die erste desodorierende Seife Europas, als sie 1951 im tristen Nachkriegsdeutschland von der Firma Beiersdorf auf den Markt gebracht wurde. Der Name leitet sich von dem Wirkstoff B 32 ab. Streng genommen hätte man die Seife also auch 4 x 8, 2 x 16 oder gleich 47 minus 15 nennen können.

In den USA wiederum gibt es die Gemischtwarenkette 7 Eleven, die mit ihrem ungewöhnlichen Namen auf ihre geänderten Öffnungszeiten von sieben Uhr morgens bis elf Uhr nachts hinweisen wollte.

Doch wir greifen unserer Zeit voraus. Das 19. Jahrhundert sah eine enorme Umwälzung im Groß- und Einzelhandel. Zum ersten Mal wurden Nahrungs-, Genuss- und Hygienemittel nicht mehr in Handarbeit von Familien, sondern industriell hergestellt. Vielen Einzelhändlern gefiel diese Entwicklung ganz und gar nicht, denn die Ware kam nun bereits verpackt und mit dem Schriftzug des Herstellers versehen bei ihnen an. Die Folge: Ihre Gewinnmargen sanken und auch die Möglichkeit, durch die Herstellung eigener »Hausmischungen« etwa bei Kaffee oder Tee zusätzlich Umsatz zu machen. Andererseits konnten sie die neuen Waren auch schlecht ablehnen: Die Kundschaft verlangte danach, denn die hatte sich daran gewöhnt, dass diese namentlich gekennzeichneten Produkte der Hausmacherkonkurrenz im Allgemeinen qualitativ überlegen waren.

Den Produzenten indes fiel der hohe materielle Wert ihres guten Namens ebenfalls auf, zumal dann, wenn – wie im Falle Farina – Nachahmer schamlos nicht nur erfolgreiche Produkte, sondern auch gleich den Namen kopierten.

Erleichtert wurde den Betrügern das Handwerk dadurch, dass es keine rechtliche Grundlage gab. Erst 1874 verabschiedete der Reichstag in Berlin ein Markenschutzgesetz, das allerdings nur Figuren und Symbole, nicht aber Namen vor Nachahmung schützte. Die Meißener Porzellanmanufaktur war der erste Betrieb, der dieses Gesetz nutzte: Sie ließ ihr Markenzeichen, die beiden gekreuzten Schwerter, gesetzlich schützen. Es dauerte aber bis 1894, bis endlich ein Warenbezeichnungsgesetz auch Namen schützte.

Es war auch höchste Zeit für ein solches Gesetz geworden. In Deutschland, England, Frankreich und nicht zuletzt in Amerika waren immer neue Produkte auf den Markt gedrungen, die um ein zunehmend wohlhabenderes Bürgertum warben.

Stille Helden

Victor Gruen (1903–1980)

Man muss sich den Mann wahrscheinlich wie eine austroamerikanische Version des französischen Komikers Louis de Funès vorstellen: klein, kugelig, mit Augenbrauen wie wild wuchernde Hecken und berstend vor Energie und Tatendrang. »Er redete wie ein Wasserfall, und er hatte Augen, so leuchtend wie Glimmer, und einen Verstand, so schnell wie Quecksilber«, erinnerte sich später ein Biograph.

Dass er mitunter drei Sekretärinnen simultan in seinem Büro beschäftigte, war keine Seltenheit. Und wenn er nicht diktierte, telefonierte, zeichnete und Entwürfe anfertigte, schrieb er kluge Artikel und Bücher. Und in diesem prallen Leben veränderte er nebenbei die Art und Weise, wie wir einkaufen gehen: nicht mehr bei Wind und Wetter von Laden zu Laden hetzend, sondern trockenen Fußes durch klimatisierte, glitzernde Einkaufszentren schlendernd – und das nur, weil dieser heimwehkranke jüdische Emigrant in den USA seine geliebten Wiener Kaffeehäuser vermisste.

Der kleine Victor Grünbaum wuchs in den letzten Jahren der österreichisch-ungarischen Doppelmonarchie in der stolzen Kaisermetropole an der Donau auf. Er studierte Architektur an der Wiener Kunstakademie, jener Hochschule, die ein paar Jahre zuvor einem unbekannten und auch untalentierten jungen Künstler namens Adolf Hitler einen Studienplatz verweigert hatte. Hitler sollte später auch zum Schicksal des intel-

ligenten jüdischen Großbürgerkindes Grünbaum werden. Anstatt Häuser zu bauen, schrieb der Architektur-
student lieber Texte für das politische Kabarett am
Wiener Naschmarkt, wo er allabendlich auf der Bühne
stand.

Nach dem Anschluss Österreichs 1938 musste er
jedoch emigrieren: Buchstäblich im letzten Moment
entging er einem Rollkommando der Nazis. Ein Freund
hatte sich als SA-Mann verkleidet und ihn zum Flughafen Schwechat gebracht, von wo aus er in die Schweiz
und anschließend in die USA flüchtete.

Dort kam er, wie er sich später erinnerte, »mit einem
Architekturdiplom, acht Dollar und ohne Englisch«,
dafür aber mit einem wertvollen Rat an: »Versuch gar
nicht erst, Teller zu waschen oder als Kellner zu arbeiten«, hatte ihm ein Mitreisender auf dem Schiff emp-
fohlen, »davon gibt es doch Millionen.«

Der junge Mann, der seinen Namen inzwischen auf
Gruen verkürzt hatte, ließ sich das nicht zweimal sagen, und weil er alles andere als schüchtern und verschlossen war, knüpfte er rasch Kontakte zu anderen
Emigranten aus der Kunstwelt. Kein Geringerer als Albert Einstein schrieb ihm ein Empfehlungsschreiben
für den bekannten Komponisten Irving Berlin, und
schon bald hatte Gruen eine Truppe beisammen, die
am Broadway auftrat.

Sein Architekturstudium schien vergessen, bis ihm
eines Tages ein Freund über den Weg lief, der ihn bat,
die Fassade einer neuen Boutique an der noblen Fifth
Avenue zu gestalten. Gruens Entwurf war eine Revolution für New York, wo Ladenfronten bislang aus ei-

nem Schaufenster mit eingepasster Tür bestanden. Gruen aber schuf eine Mini-Arkade mit Glasvitrinen, verdeckter Beleuchtung und Marmorverkleidung. Über Nacht hatte er sich einen Namen gemacht, und weitere Aufträge folgten.

Obwohl Gruen in seiner neuen Heimat sehr erfolgreich war, vermisste er eines aber doch in Amerika: die Muße des Flanierens, des Schaufensterbummels, des genüsslich getrunkenen kleinen Mokkas in einem Kaffeehaus. Amerika war schnelllebiger als Europa, die Zentren der Städte waren ungemütlich. Gruen beschloss, seinen neuen Landsleuten europäische Urbanität zu bringen – mit künstlichen Stadt- und Einkaufszentren. Das erste »shopping center« entstand 1954 im Vorort Northland bei Detroit. Mit 160 Hektar Größe und 10 000 Parkplätzen war es das größte Einkaufszentrum der Welt. Darin gab es nicht nur Geschäfte, sondern auch einen Hörsaal, eine Bank, ein Postamt, eine Krankenstation, Springbrunnen und Skulpturen. Und wenn einem Kunden das Benzin ausgegangen war, bekam er seinen Wagen kostenlos aufgetankt. So kolossal waren die Ausmaße von Northland, dass Gruen selbst Zweifel beschlichen. »Wir haben ganz schön Nerven«, murmelte er, als die Bauarbeiten begannen.

Nur zwei Jahre später entwickelte er sein Konzept weiter. Da das Wetter in den meisten Teilen Amerikas generell heißer, kälter, windiger, auf alle Fälle dramatischer ist als in Europa, ließ Gruen seine nächste Shopping Mall unter einem Dach verschwinden und mit Klimaanlagen ausstatten. Southdale in Minnesota war das Muster, an dem sich alle späteren Malls orientierten: Zwei Kaufhäuser an entgegengesetzten Enden verankerten gleichsam die ganze Anlage, dazwischen erstreckten sich Gänge mit Läden und Restaurants auf zwei Stockwerken.

Die Southdale Mall steht noch heute, und dass sie nicht altmodisch wirkt, beweist nur, wie zeitlos Gruens Konzept war: Er entwarf nicht ein Gebäude, sondern einen Typus. Viele Nachahmungen haben mit dem Originalkonzept ästhetisch nichts zu tun. Sie verschandeln amerikanische Vorstädte von Florida bis Alaska. Gruen selbst schauderte bei ihrem Anblick und bei dem Gedanken, dass er im Grunde genommen für sie verantwortlich war. »Ich weigere mich, Alimente für diese Bastarde zu zahlen«, verkündete er.

Im Alter kehrte Gruen zusammen mit seiner vierten Frau nach Wien zurück. Ein alter Freund von ihm war dort inzwischen Bürgermeister geworden. Gruen hatte den Kulissenschieber Felix Slavik im Kabarett am Naschmarkt kennengelernt, und nach dem Krieg hatte der Sozialdemokrat politische Karriere gemacht. Für Slavik entwarf Gruen etwas, was für europäische Städte mittlerweile so typisch ist wie Shopping Malls für amerikanische Citys: die Fußgängerzone. Europas erste autofreie Zone entstand in der Kärntner Straße – gegen massiven Widerstand der Wiener und vor allem der Ladenbesitzer. Aber Gruen setzte sich durch – in Wien und später auch anderswo. Sein unschlagbares und bis heute unwiderlegbares Argument war: »Autos kaufen nichts.«

Maggi, Knorr und Bahlsen-Kekse:
Von der Rührschüssel zur Weltmarke

Schon 1850 hatte der Apotheker August Wilhelm Adolph Bullrich ein Verdauungspulver vorgestellt, das er ohne jegliche falsche Bescheidenheit nach sich selbst Bullrich-Salz nannte.

Es ist heute kaum mehr vorstellbar, wie populär der Wirkstoff im deutschen Kaiserreich war. Vielleicht lag es an der Werbung, die damals hoffentlich besser in den Ohren klang als heute. Denn Bullrich war ein Freund gedrechselter Knüttelverse. »Hat dein Corpus etwas Stauung«, versprach etwa ein Slogan, »Bullrich fördert die Verdauung.« Und ein anderer Jingle wurde noch konkreter: »Nach Spick-Aal, Leberwurst und Schmalz verlangt der Körper Bullrich-Salz.«

Als sich das 19. Jahrhundert dem Ende zuneigte, ging es Schlag auf Schlag: Coca-Cola wurde erstmals 1886 in Flaschen abgefüllt (als Medizin); der Schweizer Julius Maggi stellte 1887 seine Suppenwürze vor, die er mit dem Spruch »Das gewisse Tröpfchen Etwas« bewarb. Die markante Flasche entwarf er selbst, ebenso das gelb-rote Logo. Noch 25 Jahre vergingen allerdings, bevor die Nachfolger des Heilbronner »Specereiwaaren«-Händlers Carl Heinrich Knorr die Würze trockneten und der deutschen Hausfrau den Suppenwürfel in die Hand gaben.

Etwa zur selben Zeit wie Maggi ließ sich sein Landsmann, der Confiseur Theodor Tobler aus Bern, seine Dreizack-Schokolade Toblerone patentieren. Der Name war ein Wortspiel aus seinem Familiennamen und dem italienischen Wort für Honig-Mandel-Nougat: torrone.

Ebenfalls in der Schweizer Hauptstadt konstituierte sich die Berner Alpenmilchgesellschaft, die ihre Produkte bald mit dem Berner Wappenbären schmückte. Das erste Plakat der neuen Bärenmarke wirkte freilich eher abschreckend als einschmeichelnd: Es zeigte ein gewaltiges Bärenweibchen, das mit einer Milchflasche ein Junges fütterte. Ringsherum tanzten glückliche Kinder einen Ringelreihen, jeglicher Gefahr unbewusst, die von dem Raubtier ausgehen konnte.

In Emmerich an der deutsch-holländischen Grenze wurde indes nach sizilianischem Rezept Lakritz gekocht. Weil es wie Katzen geformt war, nannte man sie Katjes – holländisch für kleine Kätzchen.

In Bielefeld wiederum wandte sich der promovierte Botaniker Dr. August Oetker statt Blumen lieber dem Backpulver zu. Der weiße Schattenriss eines Frauenkopfes auf den Päckchen mit dem Markennamen Backin stellte angeblich seine Tochter dar und sollte symbolisieren, dass Frauen mit einem hellen Köpfchen zu dem neuen Fertigprodukt griffen.

Wenige Jahre später erschien dann auch ein schwarzer Kopf auf dem deutschen Markt: »Das Shampoo mit dem schwarzen Kopf« war ein echter Durchbruch zu einer Zeit, als die meisten Menschen ein und dasselbe Produkt – Kernseife – zur Reinigung von Fussböden und von Haaren benutzten.

In Frankreich hatte sich derweil der Apotheker Eugene Schneller auf seine Weise um die Frisuren der Damenwelt verdient gemacht: Er erfand ein Haarfärbemittel, das er stolz auf den Namen »Glorienschein« taufte – französisch: Aureole. Im Lauf der Zeit schliff sich das ab zur heutigen Weltmarke L'Oreal.

Immer deutlicher wurde den Firmen bewusst, dass

Markenartikel flächendeckend beworben werden mussten. Pioniere dieser Branche in Deutschland waren der Keksbäcker Herrmann Bahlsen und der Bleichsoda-Fabrikant Fritz Henkel.

Bahlsen war zunächst ein Opfer des eigenen Erfolges geworden. So begehrt war das haltbare Dauergebäck seiner Hannoverschen Cakes-Fabrik, dass alsbald unverschämt ähnlich klingende Konkurrenten aufs Feld traten, wie die Hannover'schen Cakes-Werke oder die Hannover'sche Cakes-Industrie. Bahlsen entschied, sein Produkt unverkennbar zu machen – und bereicherte bei dieser Gelegenheit die deutsche Sprache, indem er die englischen Cakes zum deutschen Keks umformte.

Etwa zur selben Zeit hatte der Hannoveraner Museumsdirektor Friedrich Tewes von einer Ägyptenreise die Idee mitgebracht, das Niedersachsenpferd, das bislang die Bahlsen-Kekse zierte, durch die Schlangen-Hieroglyphe Tet zu ersetzen. Herrmann Bahlsen zierte sich zunächst. Er stimmte erst zu, als er erfuhr, dass TET im Altägyptischen so viel wie »ewig dauernd« bedeutete. Genau richtig, befand er, für seine haltbaren Trockenkekse.

Geradezu generalstabsmäßig amerikanisch organisierte dagegen der Waschmittelkonzern Henkel die Einführung seines revolutionären Pulvers Persil. Als das Produkt 1908 eingeführt wurde, ließ man schneeweiß gekleidete Männer mit Persil-Sonnenschirmen durch die Hauptgeschäftsstraßen deutscher Städte flanieren. Es war eine der ersten zentral geführten, landesweiten Werbekampagnen der Geschichte.

Der Name Persil muss als Geniestreich gelten, obwohl er eigentlich nur eine Koppelung aus den ersten

Silben der beiden wesentlichen Wirkstoffe Perborat und Silikat ist. Was die Henkelmänner freilich übersahen: »persil« ist im Französischen die Petersilie, und dieser Umstand verzögerte den internationalen Schutz des Namens um mehrere Jahre.

Stille Helden

Edward Louis Bernays (1891–1955)

Es gibt nur wenige Menschen, die man als eindeutig gut oder als eindeutig böse bezeichnen würde. Beim Rest der Menschheit geht es deutlich unübersichtlicher zu. In jedem von uns steckt ein wenig Gutes und ein wenig Böses in wahrscheinlich gleich großen Teilen. Dramatische Ausschläge in die eine oder andere Richtung sind eher selten.

Manchmal aber gibt es Fälle, da möchte man gerne das Beste an einem Menschen unterstellen, wenn da nicht die Tatsachen eine andere Sprache sprächen. Wie etwa bei Edward Bernays. Immerhin war nicht zu übersehen, was er selbst von sich hielt: viel. Um nicht zu sagen: sehr viel.

»Wenn jemand ihn zum ersten Mal traf«, hielt der Werbefachmann Scott Cutlip fest, »dann dauerte es im Allgemeinen nicht lange, bevor Onkel Sigmund in die Unterhaltung eingeführt wurde.« Onkel Sigmund war natürlich kein anderer als Sigmund Freud, und Bernays war tatsächlich der Neffe des Begründers der Psychoanalyse.

Als Psychologe verstand sich auch Bernays, und man könnte durchaus argumentieren, dass seine praktisch angewandte Seelenkunde die Welt mehr verändert hat als die medizinische Psychologie des Onkels. Vereinfacht gesagt: Haben Sie nicht auch schon mal ein Produkt gekauft, das Sie eigentlich nicht brauchten und nur wollten, weil Ihnen irgendetwas das Gefühl einimpfte, dass Sie ohne dieses Ding nicht glücklich wären?

Wenn das so ist, dann können Sie sich bei Bernays bedanken. Er gilt als Vater der Public Relations und war der erste Mensch, der als Berufsbezeichnung PR-Berater angab. Das Life-Magazine führte ihn in einer Liste der 100 einflussreichsten Amerikaner des 20. Jahrhunderts auf. Das ist nicht übertrieben, schließlich war er der erste Mensch, dem es gelang, Massen zu manipulieren, indem er sich Zugang zu deren Unterbewusstsein erschlich.

Wer bei diesen Zeilen an den faschistischen Massenverführer Joseph Goebbels denkt, der liegt nicht ganz falsch. Hitlers Propagandaminister hatte Bernays' Bücher über die Psychologie der Massen und ihre Verführbarkeit nicht nur in seiner Bibliothek stehen, sondern auch gelesen – ein Umstand, der den Wiener Juden Bernays schwer erschütterte. Dennoch rückte er nicht von seiner Überzeugung ab, dass große Menschengruppen – und das schloss ganze Nationen ein – irrational einem gefährlichen Herdentrieb folgen würden und daher sanft von einer wohlmeinenden Elite in die richtige Richtung gelenkt werden müssten – idealerweise, ohne dass sie es bemerken.

»Die ständige und intelligente Manipulierung der organisierten Gewohnheiten und Meinungen der Massen ist ein wichtiges Element in einer demokratischen Gesellschaft«, schrieb er. »Diejenigen, die diesen unsichtbaren gesellschaftlichen Mechanismus manipulieren, stellen eine unsichtbare Regierung dar, welche die wahre herrschende Macht in unserem Land ist. Im Großen und Ganzen werden wir regiert, wird unser Verstand geformt, unser Geschmack gebildet, unsere Ideen insinuiert von Männern, von denen wir nie gehört haben [...] die aber die mentalen Prozesse und sozialen Muster der Massen verstehen. Sie sind es, welche die Drähte ziehen, die den öffentlichen Verstand kontrollieren.«

Was Bernays übersah, war die Tatsache, dass seine unsichtbare Regierung von niemandem gewählt worden und keinem Wähler rechenschaftspflichtig war. Mit Demokratie hatte das herzlich wenig zu tun, und deshalb hätte das Goebbels auch nicht besser formulieren können. Es war denn auch ein Glück, dass Bernays seine Erkenntnisse nicht auf die Politik anwandte, sondern auf die Geschäftswelt. Er beriet Firmen, wie sie ihre Produkte an den Mann und an die Frau bringen konnten. Mit traditioneller Werbung, die er aus tiefster Seele verachtete, hatte dies nach seinen Worten nichts zu tun. »Ich schaffe Ereignisse, die zu Nachrichten werden, die ihrerseits den Absatz des Produktes befördern«, umriss er seine Theorie.

Amerikas Corporations vernahmen die gerne – und liefen ihm die Tür ein. American Tobacco, der Mischkonzern Procter and Gamble, der TV-Kanal CBS, der

Bananenzüchter United Fruit, General Electric und der Autobauer Dodge gehörten alle zu seinen zufriedenen Kunden.

Seinen ersten Erfolg erzielte Bernays, der als Säugling 1892 mit seiner Familie aus Wien nach New York emigrierte, schon mit 23 Jahren. Das weltberühmte Ballett Russe des russischen Choreographen Sergej Diaghilew plante eine US-Tournee, doch die als Kulturbanausen geltenden Amerikaner schienen nicht so recht Geschmack zu finden an tanzenden Männern in Strumpfhosen. Bernays aber orchestrierte eine Kampagne von Zeitungsartikeln mit dem Tenor, dass klassisches Ballett riesigen Spaß mache – und Diaghilew tanzte vor ausverkauften Häusern.

Sein nächstes Projekt war substantiellerer Natur. Die Schweinezüchter im US-Bundesstaat Iowa sorgten sich wegen des Rückgangs ihrer Speckverkäufe und wandten sich an Bernays. Der animierte Ärzte im ganzen Land zu Stellungnahmen und Veröffentlichungen, dass ein opulentes britisches Frühstück mit Spiegeleiern und Speck gesund sei. Brauereien wiederum machte er glücklich, indem er Bier quasi zum Softdrink stilisierte.

Bernays zeichnete aber nicht nur indirekt für eine Zunahme von Herz-Kreislauf-Erkrankungen und Alkoholismus verantwortlich. Zu einer Zeit, in der Hitler bestimmte, dass die deutsche Frau nicht raucht, schlug Amerika den entgegengesetzten Weg ein – mit tatkräftiger Unterstützung des Freud-Neffen.

Noch bis zum Ende des Ersten Weltkrieges galt: Frauen, die rauchten, waren entweder Exzentrikerin-

141

nen wie die lesbische Schriftstellerin Georges Sand oder halbseiden bis anrüchig. Doch in den wilden Twenties begannen altmodische Moralvorstellungen zu bröckeln, und mehr und mehr Frauen griffen zum Glimmstängel.

Der Vorsitzende der American Tobacco Company hatte schon lange erkannt, dass die Zigarettenindustrie bisher nur eine Hälfte des möglichen Marktpotentials angezapft hatte. Den Frauen das Rauchen anzugewöhnen, so schwelgte er in Vorfreude, »wäre, als ob wir im Vorgarten eine Goldader erschließen würden«.

Vertrauensvoll wandte er sich an Edward Bernays, und der wusste natürlich Rat. Geschickt schuf er in der Öffentlichkeit eine Stimmung, in der Freiheit und Gleichberechtigung der Frau in einem Atemzug mit einer rauchenden Frau genannt wurden. Eine Frau, die sich emanzipieren wolle, so die Botschaft, müsse sich nur eine Zigarette anstecken – die Bernays genial in »Freiheitsfackeln« umgetauft hatte.

Immerhin schien Bernays diese Kampagne später zu bereuen: Im Alter schloss er sich aktiven Nichtraucher-Kampagnen an. Keine Reue zeigte er allerdings bei seinem umstrittensten Unternehmen, nämlich dem Sturz der demokratisch gewählten Regierung der zentralamerikanischen Republik Guatemala durch den US-Geheimdienst CIA im Jahr 1954. Der eigentliche Auftraggeber war freilich nicht das Weiße Haus gewesen, sondern der Agrarriese United Fruit, ein langjähriger Kunde von Bernays' PR-Agentur, der ihm jedes Jahr ein für die 50er Jahre fürstliches Honorar in Höhe von 100 000 Dollar überwies.

> *United Fruit dürfte letzten Endes nichts bereut haben, ebenso wenig wie all die anderen Firmen, die seitdem Public-Relations-Berater beschäftigt haben. Sie haben die tiefe Wahrheit von Bernays' Vermächtnis erkannt, das er selbst einmal so zusammenfasste: »Als Napoleon sagte, ›Umstände? Ich mache die Umstände‹, da drückte er ziemlich genau den Geist der Arbeit des PR-Beraters aus.«*

Es ist erstaunlich, wie lange es schon manche Alltagsprodukte gibt, die wir heute noch verwenden. Schon Kaiser Wilhelms Untertanen schrieben mit Federn und Tinte von Pelikan, scheuerten Fußböden mit Vim, lutschten Vivil-Pfefferminzbonbons, bekämpften Kopfschmerzen mit Aspirin, hefteten Akten in Leitz-Ordnern ab, schmierten ihren Säuglingen Penaten-Creme auf den Popo, stopften sich selbst Ohropax in die Gehörgänge, trugen Labello auf die Lippen auf und schwörten auf Nivea-Creme. Dass Letztere eigentlich Niveau-Creme heißen sollte, ist allerdings ein lächerliches Gerücht. Der Chemiker Isaac Lifschütz und der Dermatologe Paul Unna benannten ihre bahnbrechende Wasser-Öl-Emulsion vielmehr nach ihrer schneeweißen Farbe: »niveus« ist lateinisch für Schnee.

Da damals mehr Menschen über eine solide althumanistische Bildung mit Latein und Altgriechisch verfügten, tauchten Anlehnungen ans klassische Altertum an den merkwürdigsten Stellen auf. Der Getränkehändler Franz Hartmann und der Naturheilkundler Friedrich Eduard Bilz verkauften schon seit dem Jahr 1900 eine populäre Erfrischungslimonade auf der Basis von Limettenextrakt. Der Name zog allerdings nicht so richtig: Bilz-Brause riss noch nicht mal im geruhsamen Kaiserreich die Kunden von den Sitzen. Im Jahre 1907 veranstaltete die Firma daher ein Preisausschreiben für einen neuen Namen. Den ersten Preis erhielt der Vorschlag, der auf den lateinischen Worten »sine alcohole« – ohne Alkohol – beruhte. Dass es eine gute Wahl war, zeigt jeder Käufer, der noch heute nach einer Flasche Sinalco verlangt.

Auch die Ursprünge von Tesa reichen in jene graue Vorzeit zurück, als unter diesem Namen zunächst Zahnpastatuben und dann Wurstpellen vertrieben wurden. Das Klebeband, für welches Tesafilm in der deutschen Sprache zum Synonym wurde, konnte erst 1936 zur Serienreife gebracht werden. Doch der alte Name blieb haften, wobei die Namensgeber bei der Firma Beiersdorf dereinst einen massiven mentalen Block gehabt haben mussten. Tesa nämlich setzt sich zusammen aus der letzten Silbe des Vor- und der ersten des Nachnamens der Sekretärin Elsa Tesmer.

Frauen standen nur selten Pate für neue Produkte, wenn man einmal von Mercedes-Limousinen und Melitta-Filtertüten absieht. Im ersteren Fall bedankte sich Gottlieb Daimler bei seinem besten Kunden Emil Jelinek, dessen Tochter Mercedes hieß. Und die Kaffeefilter wurden von der Hausfrau Melitta Bentz in akribischer Heimarbeit entwickelt – mit Löschblättern aus dem Schulheft ihres Sohnes. Für sie verstand es sich von selbst, dass das Produkt ihren Namen tragen würde.

Der Erste Weltkrieg war für Konsum und Entwicklung neuer Produkte verständlicherweise eine schlechte Zeit, doch in den zwanziger Jahren überschlugen sich kluge und geschäftstüchtige Köpfe mit Ideen, als ob sie versuchen wollten, verlorene Zeit aufzuholen. Zu dieser Zeit drang auch vieles zum ersten Mal aus Amerika über den Atlantik. In den ersten 150 Jahren ihres Bestehens waren das Schicksal und die Kultur der USA im Wesentlichen von den verschiedenen Auswanderungswellen aus Irland, Polen, Deutschland, Italien oder Skandinavien bestimmt worden. Doch nun wendete sich das Blatt, und Amerika bestimmte Tempo und Kurs des Populärgeschmacks in anderen Teilen der Welt.

Aber auch im unterlegenen Deutschland regte sich trotz Elend, Arbeitslosigkeit und Hyperinflation Unternehmergeist. Etwa zur gleichen Zeit in den zwanziger Jahren kamen der Schokodrink Kaba (eine Koppelung aus Kakao und Bananenpulver) und eine treudeutsche Cola mit dem exotischen Namen Afri-Cola auf den Markt. Der Name geht übrigens auf deutsche Pedanterie zurück: Die Brause wurde aus der afrikanischen Colanuss hergestellt, nicht aus den Früchten des amerikanischen Colabaumes.

Karl Flach, der Chef des traditionsreichen Getränkeherstellers F. Blumhoffer, der seit 1864 Schnäpse, Liköre und Limonaden herstellte, bekämpfte die US-Cola mit einer hässlichen antisemitischen Kampagne: Von einer Werksbesichtigung in den USA hatte er einen Kronkorken mit der Aufschrift »koscher« mitgebracht – für ihn ein Beweis für den un-arischen Charakter der amerikanischen Brause. Diese faschistoiden Ursprünge überwand Afri-Cola glücklicherweise nach dem Zweiten Weltkrieg. Anfang der 60er Jahre wurde der Kultfotograf Charles Wilp für die Werbekampagne verpflichtet, und eine ganze Generation berauschte sich, wenn schon nicht an dem Getränk, so doch an dem Slogan »Sexy-mini-super-flower-pop-op-Cola, alles ist in Afri-Cola«.

Doch zurück in die zwanziger Jahre. Gänzlich unpolitisch und ideologiefrei erfreute der Waschpulverkonzern Henkel Hausfrauen mit dem neuen Scheuermittel Ata, und die Beiersdorf-Werke verbesserten ihr Leukoplast-Pflaster mit einer Mullbinde und nannten es Hansaplast. Wie man auf diesen Namen kam, ist bis heute unbekannt. Gut möglich, dass man damit einfach auf den Firmenstandort in der Hansestadt Hamburg hinweisen wollte.

Der Bonbonkocher Hans Riegel inkorporierte ebenfalls, wenn auch in abgekürzter Form, den Namen seiner Heimatstadt in seine Firmenbezeichnung. Aus Hans Riegel in Bonn wurde Haribo, und seine Gummibären, die zum ersten Mal 1922 das Licht der Welt erblickten, machen bis heute Kinder und Erwachsene froh – inzwischen auf dem ganzen Globus –, nicht zuletzt auch die britische Prinzessin Catherine, die künftige britische Königin, die angeblich eine Schwäche dafür hat. Sogar der Unternehmer Hans Klenk war so stolz auf sein Produkt, dass er es mit den Anfangsbuchstaben seines Vor- und Nachnamens schmückte: Hakle – Blatt für Blatt reißfest und zart zugleich.

Auch ein anderes Papierprodukt, das aus unserem Leben nicht mehr wegzudenken ist, war ein Kind der *Wilden Zwanziger*: Im Jahre 1929 ließen die Vereinigten Papierwerke Nürnberg Logo, Namen und Warenzeichen ihrer Tempo-Taschentücher beim Reichspatentamt in Berlin eintragen. Der Schriftzug, ein heutzutage rührend anmutendes Echo des Geschwindigkeits- und Superlativ-Rausches jener Zeit, ist bis heute weitgehend unverändert geblieben.

Ziemlich identisch mit seinen Prototypen ist auch ein anderes Produkt aus dieser Zeit. Es gehört zu jenen Gegenständen, von denen man nie geglaubt hätte, dass man sie überhaupt brauchen würde, die inzwischen jedoch als unverzichtbar gelten: Q-Tips.

Sie waren die Idee des polnischen US-Emigranten Leo Gerstenzang. Eines Tages beobachtete er seine Frau, wie sie versuchte, die Ohren ihres Kleinkindes mit einem Zahnstocher zu reinigen, um den sie Watte gewickelt hatte. Zum Glück blieb das Trommelfell des Säuglings heil, aber Vater Leo hatte die beste Idee seines Lebens.

Nach mehreren Experimenten hatte er endlich ein Holzstäbchen entwickelt, das nicht splitterte. Dass er den ursprünglichen Namen für seine Erfindung bald wieder verwarf, kann als Segen betrachtet werden: Im heutigen Sprachgebrauch würde man bei Baby Gays in erster Linie an schwule Säuglinge denken. Der Name Q-Tips hingegen sollte deutlich machen, dass man mit den Wattestäbchen nicht nur Babys Ohren, sondern auch anderes säubern konnte. Außerdem stand das Q für Qualität.

So revolutionär eine preiswerte Gerätschaft zur Reinigung schwer zugänglicher Körperöffnungen sein mochte, sie konnte nicht mit einem anderen Produkt konkurrieren, das immer mehr Raum im Leben der Menschen einzunehmen begann – was durchaus auch wörtlich zu verstehen war: das Automobil. Bis zum Ausbruch des Ersten Weltkrieges war es ein Luxusgegenstand der Superreichen gewesen, doch nun entwickelte es sich dank der Fließbandmethoden des Amerikaners Henry Ford nach und nach zum Massengut, das auch für einfache Sterbliche erschwinglich wurde.

Von Adam Opel bis zu Herrn Toyoda: Mein Auto heißt genau wie ich

Das Auto war eine gewinnversprechende Zukunftstechnik, so wie es sechzig Jahre vorher die Eisenbahnen gewesen waren und sechzig Jahre später die Computertechnologie sein sollte. Entsprechend bunt war die Auswahl an Männern (leider ausschließlich), die sich in dieser Branche versuchten: Scharlatane und Genies, verkrachte Existenzen und nobler Hochadel, solide Kaufleute und schillernde Abenteurer.

Die wenigsten von ihnen bemühten sich, sich einen eigenen Namen für ihre neuen Firmen auszudenken. Im Allgemeinen fuhren die pferdelosen Benzinkutschen unter dem Namen ihrer Gründer und Konstrukteure herum: Zu denen, die am bekanntesten wurden, gehörten sicherlich der Schlosser Adam Opel, der Büchsenmacher Gottlieb Daimler und der Lokomotivführersohn Carl Benz in Deutschland, der Ingenieur Henry Royce und der Autohändler Charles Rolls in Großbritannien, Emil von Skoda in Böhmen, Armand Peugeot und die Brüder Renault in Frankreich, Henry Ford, Walter Chrysler, David Dunbar Buick und der Schweizer Rennfahrer Louis Chevrolet in den Vereinigten Staaten, Vicenco Lancia, Enzo Ferrari,

Carlo, Ernesto und Ettore Maserati und Ferruccio Lamborghini in Italien.

Aus Japan kamen später Soichiro Honda, Shozo Kawasaki und Sakichi Toyoda hinzu. Ein wenig um die Ecke denken muss man beim Reifenhersteller Bridgestone, der trotz des englischen Namens japanisch ist. Die Firma heißt nach ihrem Gründer Shojiro Ishibashi – und das bedeutet im Japanischen eben so viel wie Steinbrücke.

Der vermutlich bedeutendste und bunteste Autobauer nach Henry Ford aber blieb anonym: William Durant, der den Monsterkonzern General Motors mit Marken wie Buick, Cadillac und Oldsmobile aus der Taufe hob, wollte seinen Namen nicht verwendet wissen – vielleicht, weil sein Mittelname Crapo zu sehr an den amerikanischen Ausdruck für ein Scheißprodukt – crap – erinnerte. Umso nachhaltiger förderte er seinen Kompagnon Chevrolet. Das Logo für die nach dem Schweizer benannte Marke – ein schräges, leicht verzerrtes Kreuz – kopierte er von der Tapete eines Pariser Hotelzimmers. Es solle, so erklärte er später, an das nationale Symbol der Heimat Chevrolets erinnern. Nun ja, es sieht eher aus wie ein Kreuz aus sämiger Alpenmilchschokolade, über das ein Rennwagen hinweggerollt ist.

Doch Durant blieb die Ausnahme unter den namensstolzen Autobauern. Hätten sich die Internet- und Computerpioniere unserer Tage ebenso verhalten, hieße das am weitesten verbreitete Betriebssystem vermutlich Gates-Soft (nach Bill Gates) und unsere schicken Notebooks und Phones iJobs (nach dem Apple-Chef Steve Jobs). Wir würden unsere Freunde per Zuckerbook kontaktieren (nach Facebook-Gründer Mark Zuckerberg), und statt zu googeln würden wir unter Umständen brinen – nach Sergej Brin, dem Mit-Urheber der bekanntesten Suchmaschine.

Zu den wenigen Ausnahmen unter den Autobauern der ersten Stunde gehörte neben Durant nur noch der Italiener Giovanni Agnelli, der seine Automobilfabrik in Turin ganz banal und langweilig »Italienische Automobilfabrik Turin« nannte – Fabbrica Italiana Automobili Torino, abgekürzt Fiat. Ein Gerücht besagt, dass sich einmal ein Konkurrent des bekanntesten italienischen Autobauers beim Papst über die Vorzugsbehandlung beschwerte, die der Vatikan dem Rivalen angeblich durch Schleichwerbung in der Heiligen Schrift angedeihen ließ. Oder komme in der Schöpfungsgeschichte etwa nicht das Wort Fiat vor? Fiat lux – es werde Licht.

André-Gustave Citroën wiederum konnte nicht wissen, dass schlecht konzipierte und konstruierte Autos einmal als Zitronen verschmäht werden würden. Sonst hätte er es sich vielleicht doch noch einmal überlegt, bevor er dem Unternehmen seinen Familiennamen gab. Die Familie stammte aus den Niederlanden, wo sein Vater ein angesehener Diamantenhändler gewesen war. Nach ihrer Übersiedelung nach Paris streuten sie die zwei Punkte – sprachwissenschaftlich Trema genannt – über den Buchstaben e, was Citroën ganz schnell viel edler aussehen ließ. Der Großvater war noch ganz schlicht als Limonenmann durchs Leben gegangen, insofern passte der Name zu seinem Beruf: Er hatte mit Zitronen gehandelt.

Kleiner Exkurs

Citroën-Chef Pierre Boulanger wusste ganz genau, was er wollte, als er 1932 seinem Chefingenieur seine Vorstellungen für den idealen Kleinwagen skizzierte: »Er soll Platz haben für zwei Bauern in Stiefeln und für einen Zentner Kartoffeln oder ein Fässchen Wein; er muss mindestens 60 Stundenkilometer schnell sein und darf nur drei Liter Benzin auf hundert Kilometer verbrauchen. Er soll selbst schlechteste Wegstrecken bewältigen können und so einfach zu bedienen sein, dass selbst eine ungeübte Fahrerin problemlos zurechtkommt. Er muss ausgesprochen gut gefedert sein, damit ein Korb Eier eine Fahrt über holprige Feldwege übersteht.« Angesichts dieser Anforderungen verstand sich der letzte Satz seiner Anweisung fast von selbst: »Auf das Aussehen kommt es nicht an.« Wegen des Krieges musste sich Boulanger zwar bis 1948 gedulden, aber am Ende bekam er genau, was er sich gewünscht hatte: den Citroën 2CV, in Deutschland liebevoll »Ente« genannt.

Die ersten Autohersteller machten sich viele Gedanken über ihre Markenzeichen, schließlich wollten sie Stärke, Schnelligkeit, Sportlichkeit und zugleich technische Solidität vermitteln. Das berühmteste Wiedererkennungsmerkmal bei Autos ist zweifellos der »gute Stern auf allen Straßen«, der Mercedes-Stern. Der Legende nach trägt er, buchstäblich, die Handschrift Gottlieb Daimlers. Demnach soll dieser, als er Direktor der Gasmotorenfabrik Köln-Deutz war, sein Haus auf einem Stadtplan mit einem dreizackigen Stern markiert und dabei seiner Ehefrau gesagt haben: »Dieser Stern wird einmal segensreich über meinem Werk aufgehen.« Herr Daimler sollte recht behalten, und als der Stern im Jahre 1909 als Warenzeichen angemeldet wurde, befrachtete man ihn vorsorglich mit zusätzlicher Symbolik: Die drei Zacken, hieß es, stünden für die Motorisierung zu Lande, zu Wasser und in der Luft.

Nicht weniger berühmt oder begehrt ist der sogenannte »Spirit of Ecstasy« auf den Kühlerhauben von Rolls-Royce. Gemeint ist natürlich jene nach vorn gebeugte Dame in flatternden Gewändern, die ein wenig aussieht, als ob jemand in voller Abendgarderobe zum Skisprung anträte. Respektlos wird die Figur zuweilen Emily genannt, doch tatsächlich verbirgt sich eine traurige Liebesgeschichte hinter ihr, die es wert gewesen wäre, wenn nicht von William Shakespeare, so doch von Barbara Cartland aufgeschrieben zu werden.

Mit der Kühlerfigur ehrte der britische Hochadlige und begeisterte Motorist Lord Montagu of Beaulieu die Liebe seines Lebens, die er zeit seines Lebens geheim halten musste. Eleanor Thornton war seine Sekretärin und eine Bürgerliche. Ein Verhältnis war für die naserümpfende Oberklassenumwelt kein großes Problem, eine feste Beziehung schon. Der Lord beugte sich dem gesellschaftlichen Druck und heiratete eine Gleichgestellte. Doch es war Eleanor, der er ein dauerhaftes Denkmal setzte.

Andere Firmen gingen die Frage des Logos prosaischer an. Die Bayerischen Motorenwerke wollten an ihre Ursprünge im Flugzeugmotorenbau erinnern. Das weiß-blaue BMW-Logo stellt daher einen bayerisch eingefärbten Propeller dar. Bei Citroën entschied man sich für zwei übereinanderliegende Dreiecke. Sie symbolisieren eine Winkelverzahnung und erinnern daran, dass das Unternehmen ursprünglich sein Geld mit der Fertigung von Zahnrädern verdient hatte.

Kleiner Exkurs

Universale Wasserkastanien

Erst spät drangen asiatische Firmen auf die Weltmärkte vor, zunächst japanische, dann koreanische und schließlich chinesische Firmen. Viele ihrer Marken sind aber schon längst nicht mehr wegzudenken – vor allem in der Elektro- und der Autoindustrie. Die Namen sind eine Mischung aus altertümlichen Traditionen und der Anbiederung an westliche Gebräuche. Strikt traditionell ist man bei Hitachi, was nichts anderes bedeutet als Sonnenaufgang. Und Mitsubishi steht für die drei Wasserkastanien, die sich im Wappen der Gründerfamilie und in stilisierter Form im Logo der Autofirma wiederfinden.

Der Wunsch nach globaler Reichweite hat sich beim Elektronikkonzern Sanyo (»drei Ozeane«) niedergeschlagen: Rings um Atlantik, Pazifik und Indischen Ozean wollte man die eigenen Produkte verkaufen. Der Wunsch ist in Erfüllung gegangen.

Der koreanische Konkurrent Samsung dagegen griff buchstäblich höher: Dieser Name bedeutet »drei Sterne«. Überhaupt scheinen koreanische Unternehmen den ganz großen Maßstab vorzuziehen: Wer Hyundai fährt, steuert in »die Moderne«, mit einem Daewoo ist man im »Großen Universum« unterwegs, und hinter Autos der Marke Kia verbergen sich das chinesische Schriftzeichen ki = Aufstieg und der lateinische Buchstabe a. Zusammengenommen: Aufstieg Asiens.

Manchen japanischen Wirtschaftsbossen wurde rasch bewusst, dass sie ihren Firmen und Produkten englisch klingende Namen geben mussten, wenn sie sich Chancen bei amerikanischen und europäischen Verbrauchern ausrechnen wollten. Vor allem in den USA und in Großbritannien waren die Erinnerungen an den japanischen Gegner im Zweiten Weltkrieg noch relativ frisch. Und Hitachi oder Akai klangen in vielen Ohren denn doch verdächtig nach Kamikaze oder Harakiri.

Eine besonders einfallsreiche Idee hatte der Gründer des späteren Elektronikkonzerns Sharp. Tokuji Hayakawa war nicht nur ein Geschäftsmann, sondern auch ein Erfinder, und als solcher stellte er 1915 einen ständig angespitzten, »scharfen« Drehbleistift vor. Als die Bleistiftfabrik 1923 von einem Erdbeben zerstört wurde, sattelte Hayakawa auf Radioapparate um. Der Name des Stiftes – Sharp – aber blieb.

Beim Unterhaltungsgiganten Sony dachte man zunächst an das lateinische Wort für Klang – sonus. In japanischen Ohren aber klang das unangenehm, weil es dem japanischen Wort für »Geld verlieren« – schu-nu – ähnelte, und ein solch böses Omen wollte man nicht freiwillig riskieren. Schließlich einigte man sich auf den heutigen Namen. In ihm, so dachte man, schwinge auch das fröhliche amerikanische Bild vom Sonnyboy mit.

Der Sportschuhproduzent asics griff bei seiner Namenswahl ebenfalls auf die Antike zurück. Man erinnerte sich an die römische Weisheit »mens sana in corpore sano« – ein gesunder Geist in einem gesunden Körper –, der gut zu sportlicher Betätigung zu passen schien. Als Produktbezeichnung für einen Turnschuh erschien das Motto dann aber doch zu überheblich, weshalb man es abkürzte und den Geist durch die Seele – lateinisch: anima – ersetzte. Aus »anima sana in corpore sano« wurde asics.

Großkalibrige Kanonen ökonomischer Natur hoffte der Kameraproduzent Canon aufzufahren. Dennoch verbirgt sich hinter seinem Namen kein Artilleriegeschütz, sondern die buddhistische Göttin der Barmherzigkeit, Kwanon.

Es ist heute kaum mehr vorstellbar, welche technologischen Durchbrüche die Welt in den sechziger und siebziger Jahren japanischem Einfallsreichtum und japanischer Ingenieurskunst zu verdanken hatte – vom Taschenrechner bis zum Walkman. Ein anderes Erzeugnis, das aus dem heutigen Leben nicht mehr wegzudenken ist, ist der elektronische Drucker. Im Jahr 1964 brachte Seiko das erste Modell heraus, rechtzeitig zu den Olympischen Spielen in Tokio. Man nannte ihn, wenig einfallsreich, den

Electronic Printer (EP). Umso phantasievoller fiel der Name für das wesentlich kleinere und bessere Nachfolgemodell im Jahr darauf aus: Son of Electronic Printer – abgekürzt und umgedreht zu Epson.

Ferrari, Maserati, Lamborghini – diese drei Marken stehen für technische Perfektion und italienische Ästhetik. Zwei von ihnen wollten anfangs auch nie so etwas Langweiliges wie ein Auto für den täglichen Gebrauch anfertigen. Die Maserati-Brüder lebten für Rennwagen, und Enzo Ferrari nannte sein Unternehmen von Anfang an dezidiert Scuderia Ferrari – den Ferrari-Rennstall. Der rassige Rappe, den er als Emblem für seine Wagen wählte, sollte dies zusätzlich unterstreichen. Die Maseratis griffen für ihr Logo auf den Dreizack zurück, den der Meeresgott Neptun in einem Renaissance-Brunnen ihrer Heimatstadt Bologna schwingt. Damit blieb Ferruccio Lamborghini übrig, der Ferrari Konkurrenz machen wollte, doch vom Rivalen zunächst verhöhnt wurde. Kein Wunder: Lamborghini war zuvor nur als Produzent von Traktoren und landwirtschaftlichen Nutzmaschinen in Erscheinung getreten. Doch Signor Ferruccio setzte seinen Dickschädel durch – was die Wahl eines bulligen Stieres als Markenzeichen nachträglich symbolisch erscheinen lässt. Tatsächlich fiel seine Wahl nur deshalb auf das Tier, weil Taurus, der Stier, Lamborghinis Sternzeichen war.

Kleiner Exkurs

Mit Verkehrsproblemen hatte sich Carlton »Carl« Magee eigentlich nie beschäftigt. Er gab im Amerika der 30er Jahre recht erfolgreiche Zeitungen heraus. Dass es in Oklahoma City ein Problem mit Automobilen gab, erfuhr er erst, als er von der dortigen Handelskammer um Rat gebeten wurde. Die Parkplätze in den Haupteinkaufsstraßen waren den ganzen Tag über von Angestellten belegt. Die Folge: Kunden, die einkaufen wollten, wussten nicht wohin mit ihrem Wagen und blieben zu Hause. Das Problem klingt vertraut, ebenso wie die Lösung, die Magee fand. Doch damals war seine Idee revolutionär: Am 16. Juli 1935 wurde in der Hauptstadt des Bundesstaates Oklahoma die erste Parkuhr der Welt installiert. Amerika war wie immer seiner Zeit voraus. In Europa tauchte der erste Parkograph erst 1952 auf – ausgerechnet in Basel. Schon zwei Jahre später stellte Duisburg als erste deutsche Stadt Parkuhren in der Innenstadt auf.

Während des Zweiten Weltkrieges ruhte in den meisten europäischen Ländern die Produktion ziviler Kraftfahrzeuge, da alle Anstrengung auf die Herstellung von Panzern, Kriegsschiffen und Flugzeugen gerichtet war. Selbst Hitlers Lieblingsprojekt, der Volkswagen für die werktätigen Massen, wurde eingemottet. Wolfsburg stellte auf militärische Vehikel wie den Kübelwagen, eine Art deutschen Jeep, um.

Das Original dieses robusten, geländegängigen und

nahezu unzerstörbaren Fahrzeuges wurde vom US-Konzern Chrysler hergestellt, der zugleich die Autowelt und das weltweite Motorvokabular um das Wort Jeep bereicherte. Um den Ursprung des Wortes ranken sich zahlreiche Legenden. Die am häufigsten erwähnte Variante besagt, dass sich der Name lautmalerisch von der Abkürzung GP (General Purpose = allgemeine Verwendung) ableitet, die auf Englisch »Dschie-pie« ausgesprochen wird. Reizvoller – und wohl auch wahrscheinlicher – ist die Theorie, dass die ersten GIs, die mit einem Jeep herumfuhren, den fahrbaren Untersatz nach dem Fabelwesen Eugene the Jeep aus der vor allem beim Militär beliebten Cartoon-Serie »*Popeye der Seemann*« benannten. Denn dieser Jeep war berühmt dafür, jedes Hindernis überwinden zu können und das Unmögliche möglich zu machen – ganz wie das kantige Allrad-Fahrzeug.

Bei Kriegsende lag die einst so stolze deutsche Automobilindustrie am Boden. Was nicht von Bomben zerstört worden war, wurde demontiert und abtransportiert. Und auf dem verarmten heimischen Markt gab es ohnehin niemanden, der sich ein Auto hätte leisten können.

Alte und neue Firmen begannen daher zunächst mit dem Bau von Motorrädern. Doch aus ihnen entwickelten sich rasch putzige Kleinstwagen, die auf der Basis von Motorradmotoren gebaut wurden. Legendär waren das rollende Cockpit des Messerschmitt-Kabinenrollers, die Schrumpflimousine des Goggomobils und ein Gefährt, das aussah wie ein rollender Kühlschrank und sich BMW Isetta nannte.

Der Name des ersten erschließt sich von selbst. All diese Fahrzeuge trugen die Bezeichnung Rollermobil,

und der Kabinenroller war genau das, was er beschrieb: eine Flugkabine auf Rädern. Zunächst hieß er
nach seinem ersten Konstrukteur – Fend-Flitzer. Dass
er später von einem bedeutenden Kampfflugzeugher-
steller produziert wurde, schmälerte seinen Ruhm
nicht, sondern vergrößerte vielmehr sein Renommee.

Das Goggomobil kam aus der niederbayerischen
Provinz, genauer gesagt aus Dingolfing, wo die Hans
Glas GmbH ihren Sitz hatte. Der ungewöhnliche
Name beruhte auf einem nicht minder ungewöhnli-
chen Spitznamen. Gogg hieß ein Enkel von Firmen-
gründer Glas.

Die zweisitzige Isetta mit der nach vorne aufklapp-
baren Tür war eigentlich kein authentisches BMW-
Produkt. Die Bayern, die dringend auf einen erfolgrei-
chen Verkaufsschlager angewiesen waren, bauten die
Blase auf Rädern vielmehr in Lizenz nach. Erfunden
hatte sie der Italiener Iso Rivolta, dessen Firma einst
Kühlschränke anfertigte, was die Isetta-Tür erklären
könnte.

Der Name des Kleinwagens war eine Verniedli-
chung von Rivoltas Vornamen – eine weibliche kleine
Isa war eine Isetta.

Gemessen an dem in der Geschichte nie zuvor gesehe-
nen wirtschaftlichen Aufschwung, den Deutschland in
den Jahren nach dem Zweiten Weltkrieg erlebte, ist es
erstaunlich, dass in dieser Zeit nur relativ wenige neue
Markennamen das Licht der Welt erblickten. Meist waren es alte Namen, die sich nach den Kriegsjahren wieder zurückmeldeten: »Ein großer Augenblick«, po-
saunte etwa das Waschpulver Persil hinaus. »Endlich
wieder!« Ein wenig kuschelig-neckischer meldete sich
der Konkurrent Fewa: »Da bin ich wieder.«

Stille Helden

Mary Anderson (1866–1953)

Oft sind es vermeintliche Kleinigkeiten, deren Bedeutung man erst dann erkennt, wenn sie plötzlich fehlen. Nehmen wir den Scheibenwischer, den man vermutlich nicht als ausschlaggebend bei der Wahl eines Neuwagens bezeichnen würde – bis er bei einem Wolkenbruch ausfällt und zum Abbruch der Fahrt zwingt.

Wie Autofahren ohne Wischer in größerem Maßstab aussehen kann, lässt sich hervorragend in der ägyptischen Metropole Kairo studieren. Hier verzichten Autobesitzer aufgrund des durchgängig trockenen Wetters gerne gänzlich auf das in ihren Augen überflüssige Accessoire. Doch manchmal regnet es im Winter doch, und dann kann man das schöne Spektakel bestaunen, wie an jeder roten Ampel synchron Dutzende von Menschen aus ihren Autos springen und mit einem Lappen die Windschutzscheibe freiwischen.

Meist sind es Männer, die in Ägypten hinterm Steuer sitzen, genauso wie es überwiegend Männer waren, die für die Entwicklung des Automobils verantwortlich sind. Männer interessieren sich für Hubräume und Motorenstärken, für Gedröhn und Gebrumm. Kein Wunder also, dass die Herrenriege Daimler, Ford, Chrysler, Citroën oder Maybach keinen Gedanken an ein schlichtes Reinigungsgerät wie den Scheibenwischer verschwendete.

Dies blieb in der Tat einer Frau vorbehalten, die eigentlich mit Motorfahrzeugen überhaupt nichts zu tun hatte. *Mary Anderson kam 1889 als 23-Jährige nach Birmingham im US-Bundesstaat Alabama. Die Südstaatenmetropole hatte in den Jahren nach dem Bürgerkrieg einen steilen wirtschaftlichen Aufschwung erlebt und war zur Boomtown des amerikanischen Südens geworden.*

Mary Anderson beschloss, sich eine Scheibe von diesem Reichtum abzuschneiden, und ließ sich als Bauunternehmerin nieder. Für eine alleinstehende Frau war dies in jener Zeit ebenso ungewöhnlich wie ihre nächste Beschäftigung: 1893 zog sie nach Fresno in Kalifornien und baute eine Rinderfarm und ein Weingut auf.

An Automobile, geschweige denn an deren Windschutzscheiben, dachte Mrs Anderson zu diesem Zeitpunkt vermutlich nicht. Doch irgendwann im Winter des Jahres 1902 besuchte sie New York, wo sie eine Straßenbahn bestieg. Vom Himmel fiel klebriger Schneeregen, und der Straßenbahnfahrer fuhr mit offenem Fenster, durch das er immer wieder hinauslangte, um sich die Sicht freizuwischen.

Das muss doch auch anders gehen, dachte sich Mary Anderson – und entwickelte ein Wischerblatt, das vom Wageninneren aus mittels eines Hebels hin und her bewegt werden konnte. Sie erhielt ein auf 17 Jahre befristetes Patent und wollte ihre Erfindung durch eine kanadische Firma vermarkten. Doch die zeigte sich unbeeindruckt. »Wir erachten das Gerät als von einem zu geringen kommerziellen Wert, als dass dies es rechtfertigen würde, es zu verkaufen«, schrieben ihr die Kanadier zurück.

Erst mit dem Auslaufen des Patents 1920 begann die Autoindustrie, Scheibenwischer nach und nach als Standardeinrichtung in ihre Vehikel einzubauen – handbetriebene, wie von Mary Anderson erdacht. Zuvor gab es Scheibenwischer nur als Sonderausstattung gegen Aufpreis. In dieser Hinsicht hat sich beim Autokauf nicht viel verändert. Auch der derzeit letzte Schrei, Wischer mit Sensoren, die Flüssigkeit auf der Scheibe erspüren, gehört heute meist nicht zur Standardausrüstung. Mary Anderson aber starb 1952, ohne jemals einen Cent an ihrer Erfindung verdient zu haben.

Zu jenen Firmengründern, die sich in den Nachkriegsjahren einen festen Platz in den Fußgängerzonen deutscher Städte und in den Gehirnen deutscher Verbraucher eroberten, gehörten Max Herz und Carl Tchilling-Hiryan, die ihre Firma 1949 ins Handelsregister eintragen ließen. Ihre Idee: das damalige Luxusgut Bohnenkaffee mit der Post an Käufer zu versenden. Ganz neu war der Gedanke nicht. Ein gewisser Eduard Schopf hatte bereits einen derartigen Kaffeeversand aufgemacht und unter den Anfangsbuchstaben seines Vor- und Nachnamens vermarktet: Eduscho.

Herz und Tchilling suchten einen Namen, der ebenfalls in einem bewundernd-staunenden O-Laut endete. Ihre Lösung hatte zumindest den Vorteil, eigenwillig zu sein: Die erste Silbe von Tchillings Namen wurde mit der Silbe »bo« wie in Kaffeebohne verschmolzen. Heraus kam Tchibo. (Jahre später setzte der Kaffeeröster Jacobs noch ein O drauf: Hinter der Marke Onko verbirgt sich freilich nur die Abkürzung von »ohne Koffein«.)

Ebenfalls ein echtes Kind der Nachkriegszeit war das Produkt von Werner Eckart. Nach zahllosen Experimenten in der heimischen Küche war es ihm gelungen, ein Pulver zu gewinnen, das sich, angerührt mit Milch oder Wasser, in Teig für Kartoffelknödel oder Kartoffelpuffer verwandelte. Der Name, so erzählte er später, habe sich gleichsam von selbst aufgedrängt: Pfanni – weil die Puffer in der Pfanne goldbraun gebraten werden und weil Fanni der Name einer gemütlichen Köchin sein könne. In gewisser Weise hat Pfanni damit einen elementaren Beitrag zur Emanzipation der deutschen Frau geleistet. Diese ersten Fertiggerichte befreiten sie nicht nur von der Fron am Herd; Pfanni-Kartoffelpüree konnte sogar von ungeschickten Männerhänden zusammengerührt werden. Es mussten allerdings erst noch mehrere Jahre vergehen, bis deutsche Männer in der Küche mit anpackten – wie jener sexistische Werbespruch aus den Anfangsjahren des Kartoffelpulvers beweist: »Der Duft ihm in die Nase steigt, die Hausfrau stolz auf Pfanni zeigt.«

Kleiner Exkurs

Jeder weiß, dass sich hinter dem Namen Gillette Rasierklingen verbergen. Weniger bekannt ist, dass der Amerikaner King Gillette nicht nur 1901 die Firma gründete, sondern auch den zweifelhaften Titel des Vaters der Wegwerfgesellschaft für sich in Anspruch nehmen kann. Denn er war der Erste, der erkannte, dass man ein Produkt getrost billig verkaufen kann, solange das Zubehör regelmäßig für teures Geld ersetzt werden muss. Sein Sicherheitsrasierapparat verfolgte genau dieses Konzept: Die Klingen müssen jeweils nach ein paar Rasuren neu gekauft werden. Noch Jahrzehnte später danken ihm vor allem die Hersteller von Druckertinte für diese Weitsicht. Gillette selbst wurde freilich nicht glücklich. Der Kapitalist, der zeit seines Lebens sozialistischem Gedankengut anhing, wurde durch den Börsenkrach am Schwarzen Freitag 1929 ruiniert.

Nicht nur bei dem Pfanni-Schöpfer Werner Eckart fragt man sich, wie er auf den Namen für sein Erzeugnis kam. Sehr häufig verstecken sich unerkannt Elemente fremder Sprachen in den Firmenlogos.

Dass sich hinter dem schwedischen Billigschreiner IKEA ein Akronym verbirgt, das den Namen des Gründers Ingvar Kamprad mit jenem des elterlichen Bauernhofes Elmtaryd in der Gemeinde Agunnaryd verbindet, dürfte sich herumgesprochen haben. (Einige Jahre später wählten Agnetha, Björn, Benny und Anni-Frid von der schwedischen Popgruppe ABBA einen ähnlichen Weg.) Es läge also nahe, hinter Hennes und Mauritz zwei schwedische Schneider dieses Namens zu vermuten, analog zur Konfektionskette C&A, die von den westfälischen Bauernsöhnen Clemens und August Brenninkmeyer 1841 mit der Eröffnung eines ersten Ladens in Friesland gegründet wurde. Bei H&M handelt es sich nur bei Mauritz um eine Person, und die war kein Schneider, sondern handelte mit Jagdwaffen, bevor das Geschäft vom Oberbekleidungsgeschäft Hennes aufgekauft wurde. Das war wiederum ein Fachgeschäft für Damenmode – daher der Name: Hennes heißt auf Deutsch »ihr«.

Stille Helden

Harry Gordon Selfridge (1864–1947)

Sein Kaufhaus trägt noch heute seinen Namen, obwohl er Besitz und Kontrolle darüber schon zu Lebzeiten einbüßte. Harry Gordon Selfridge, der Amerikaner, der mit 50 Jahren eine zweite erfolgreiche Karriere in Europa begann, verlor am Ende alles: sein Vermögen, seine Familie, die Frauen, mit denen er sich bis ins hohe Alter umgab, und – so sagen manche – vielleicht auch seinen Verstand.

Da aber war »Selfridges«, das einen ganzen Straßenblock umfassende prachtvolle Warenhaus an der Londoner Oxford Street, schon längst zur Legende geworden – im Vereinigten Königreich wie im Rest der Welt. Das Geschäft konnte es zwar an Vornehmheit und königlicher Patronage nicht mit dem Edelladen Harrods in Knightsbridge aufnehmen. Doch falls dies je ein Manko gewesen sein sollte, so glich Harry Selfridge dies mit aufregenden Neuerungen und aggressiven Marketingmethoden aus.

Als sich am 15. März 1909 die Türen zu dem neuen Warentempel am »falschen«, weil unmodischen, Ende der Oxford Street öffneten, da war selbstverständlich der englische König Edward VII. nebst Gattin Alexandra eingeladen. Denn unter einem Mangel an Selbstbewusstsein litt Selfmademan Selfridge nie. Aber die Eröffnung des Konsumparadieses war nur der Beginn einer Revolution, die den Einzelhandel dauerhaft verändern und Harry Selfridge zum Vater des modernen Kaufhauses machen sollte.

Dinge, die wir heute als selbstverständlich voraussetzen, waren vor seiner Zeit unbekannt. Er war es, der als Erster eigene Abteilungen für Schuhe und für Kinderbekleidung einführte. Wie jeder Händler seit Beginn der Menschheit wusste auch er, dass Käufer lieber weniger als mehr für ihre Produkte zahlen. Im Gegensatz zu vielen Konkurrenten aber war ihm auch bewusst, dass sich niemand gerne nachsagen lässt, beim billigen Jakob einzukaufen. Seine Artikel trugen daher kein Etikett mit der Aufschrift »billig«, sondern mit den Worten »weniger teuer«. Da konnte auch die Komtesse aus Mayfair reinen Herzens zugreifen.

Was heute zum kleinen Einmaleins der Marketingpsychologie gehört, war damals eine Sensation. Schlussverkäufe etwa oder die Resterampe entsprangen ebenso Selfridges Einfallsreichtum wie nachts beleuchtete Schaufenster. Dem Kaufhausmogul war klargeworden, dass abendliche Spaziergänger am Tag darauf eher in seinen Laden kommen würden, wenn sie im Fenster etwas gesehen hatten, was ihnen gefiel. Das aber war genau Selfridges Ziel. Denn dass die Schlacht um das Portemonnaie des Kunden in dem Moment so gut wie gewonnen ist, in dem er den Laden betritt, war altbekannt. Neu waren nur Selfridges Methoden.

Ebenfalls zum neuen Standardrepertoire gehörte der sanfte Druck, den Verkäufer ausübten: Jetzt zugreifen, wer weiß, ob die Ware morgen noch im Regal liegen wird. Selfridges Genie bestand darin, diesen Zeitdruck mit der größten Einkaufsorgie des Jahres zu kombinieren: Weihnachten. Schon als junger Mann, als er noch in einem Warenhaus in den USA angestellt war, hatte er den drängelnden Slogan »Nur noch x Tage bis Weihnachten« erfunden.

Vor allem aber kreierte der Mann aus dem hinterwäldlerischen amerikanischen Bundesstaat Wisconsin das, was man heute als Erlebnis-Shopping bezeichnen würde: Einkaufen nicht als notwendiger Zweck, sondern als genussvoller Zeitvertreib. Zu Selfridges ging man nicht, weil man etwas brauchte, sondern weil man sich etwas Gutes tun wollte, weil man etwas erleben wollte, weil man etwas Neues und Aufregendes sehen wollte.

Und Selfridges hielt immer Wort. Am 25. Juli 1909 überquerte der Franzose Louis Bleriot als Erster mit einem Flugzeug den Ärmelkanal. Einen Tag darauf konnten Selfridges-Kunden seine Flugmaschine im Kaufhaus bestaunen. Der Warenhauskönig war wieder einmal seinem bombastischen Eigenlob treu geblieben. Sein Laden, so hatte er einmal getönt, sei Londons »größte Attraktion nach Buckingham Palace und dem Tower«.

Alles, was neu, modern und aufregend war, gab es

zuerst bei Selfridges zu sehen: die erste öffentliche Demonstration von Röntgenstrahlen, den ersten Fotoautomaten, den ersten Lautsprecher und die erste automatische Telefonvermittlung. Nicht dass Selfridges Letztere benötigt hätte: Schon vorher hatte sich der Amerikaner von der britischen Post für sein Geschäft eine Telefonnummer geben lassen, die seinem Selbstverständnis entsprach und sich darüber hinaus leicht merken ließ: die Eins. Und zur Vorstellung des Lautsprechers kam dann sogar ein Gast aus dem Palast: Georg V., der inzwischen König geworden war, wollte sich diese Vorführung nicht entgehen lassen.

Nach dem Tod seiner Ehefrau ging es mit Selfridge jedoch bergab. Er verzettelte sich und vergeudete seine Zeit und sein Geld mit einer nicht endenden Folge zahlloser Liebschaften. Am Ende starb er verarmt in einer kleinen Absteige im Südlondoner Vorort Putney. An seinem Vermächtnis änderte das nichts, und schon gar nicht an seinem wohl berühmtesten Motto: »Der Kunde hat immer recht.«

Von wegen Schall und Rauch: 70 Milliarden für einen Markennamen

Manchmal zufällig, oft dilettantisch, zuweilen aber auch genial – eine Zauberformel für einen guten Markennamen gibt es nicht. Geradezu zauberhaft indes scheint es, wie viel ein zündender Name wert sein kann. Jedes Jahr wird eine Tabelle der teuersten Brandnames erstellt. Mit anderen Worten: Man versucht in Dollar und Cent festzuhalten, inwieweit sich der Wiedererkennungswert und die Sympathiewerte eines Namens materiell niederschlagen – ganz entgegen dem Faust'schen Ausspruch also, wonach Namen nichts anderes seien als Schall und Rauch.

Die ersten zehn Plätze dieser Liste werden traditionell von amerikanischen Firmen belegt – mit einer Ausnahme. Der finnische Handyhersteller Nokia rangierte bei der letzten Aufstellung auf Platz acht, mit einem Markenwert von knapp 30 Milliarden Dollar. Glücklich konnte das Management in der Kleinstadt Nokia freilich nicht sein; die Firma war wegen schlechter Produkte um drei Plätze im Vergleich zum Vorjahr abgerutscht. Ähnliches widerfuhr Toyota, dessen Autos wegen umfangreicher Rückrufaktionen negative Schlagzeilen machten. Die Folge: Der Markenwert rutschte drastisch ab – vom achten auf den elften Rang.

Die bekannteste deutsche Marke ist nach dieser Aufstellung Mercedes-Benz. Die Autobauer aus Stuttgart halten seit Jahren unverändert die zwölfte Position mit einem Wert von 25 Milliarden Dollar allein für den Namen. Es folgen BMW, Volkswagen, Audi und Porsche. Nur der Elektronikgigant Siemens kann sich als einziger Nicht-Kfz-Hersteller dazwischenmogeln.

Kleiner Exkurs

Die Museen des Smithsonian Instituts in Washington sind so etwas wie die Schatzkammer der amerikanischen Nation. Alles, was irgendwie wichtig war in der

Geschichte des Landes, wird hier verwahrt – von Ausgrabungen vorgeschichtlicher Indianerkulturen über die Unabhängigkeitserklärung bis zum Flugzeug der Gebrüder Wright und den unterschiedlichen Spaceshuttles der NASA.

Manche Exponate lassen freilich einen kulturdünkelnden europäischen Besucher stutzen, und ein ausgestellter Zehnerpack Wrigley's Juicy Fruit gehört mit Sicherheit dazu. Der Kaugummi liegt zusammen mit seinem Kassenbon in einer Vitrine, auf der vermerkt ist, dass er am 26. Juni 1974 um 8.01 Uhr in Marsh's Supermarket in der Kleinstadt Troy im US-Bundesstaat Ohio gekauft wurde. Ach ja, und an der Kasse stand Sharon Buchanan. Was diese Packung Kaugummi museumsreif macht, ist ein Aufdruck auf der Seite: eine Folge dicker und dünner Linien. Dies war das erste Produkt der Welt, das einen Strichcode trug, wie man ihn heute überall findet.

Der Barcode selbst hat eine tragische Geschichte. Entwickelt wurde er schon 1948, als der Student Bernard Silver in Philadelphia zufällig hörte, wie der Präsident einer örtlichen Supermarktkette über ein System nachdachte, mit dem Produktinformationen automatisch abgelesen werden können. Silvers Geniestreich: Er verlängerte die Punkte und Striche des Morsealphabets nach unten. Der Prototyp der ersten Codes war buchstäblich auf Sand gebaut: Er formte ihn am Strand in Florida. Zum Ablesen seines Strichcodes kopierte er dann die Technologie optischer Soundtracks aus Filmen. Silver meldete zwar noch

ein Patent an, doch 1963 starb er bei einem Autoun-
fall. Erst 1971 nahm der Elektronikkonzern RCA, der
das Patent gekauft hatte, selbst wieder konkrete
Arbeiten auf. Der Konkurrent IBM indes entwickelte
parallel dazu ein besseres System, das sich seitdem
weltweit durchgesetzt hat.

Die Namen auf den ersten zehn Plätzen spiegeln aber
nicht nur die ungebrochene Vormachtstellung der
amerikanischen Wirtschaft wider, sondern auch die
überragende Rolle, die die Informationstechnologie in
unserer Zeit spielt. Hewlett-Packard liegt auf dem
zehnten Platz, der Chip-Hersteller Intel auf dem sieb-
ten, die Suchmaschine Google ist Nummer vier, Soft-
ware-Gigant Microsoft kommt auf Platz drei, und der
überraschend fidel und jung gebliebene Technologie-
Oldie IBM nimmt mit einem Markenwert von knapp
65 Milliarden Dollar seit Jahren unangefochten den
zweiten Rang ein. Nur wenige nichttechnologische
Unternehmen haben es geschafft, sich wegen des unmittelbaren Wiedererkennungswertes ihres Namens
ebenfalls eine Spitzenposition zu sichern: die Disney
Corporation (Platz zehn), der Bulettenbrater MacDo-
nald's (Platz sechs) und der einst von Thomas Edison
gegründete Elektronik-Multimischkonzern General
Electric (Platz fünf). Unangefochtener Spitzenreiter
ist Jahr um Jahr eines der ältesten amerikanischen
Unternehmen: Coca-Cola. Der geschwungene weiße
Schriftzug auf rotem Untergrund wird vermutlich
von mehr Menschen auf dem Globus auf Anhieb erkannt als das christliche Symbol des Kreuzes. Allein

der Besitz des Markennamens Coca-Cola wird auf die gewaltige Summe von 70,4 Milliarden Dollar geschätzt – noch bevor die erste Dose abgefüllt und verkauft ist.

Der amerikanische Sprudelriese vertreibt unter seinem Namen immerhin schon seit einem Jahrhundert die berühmte Limonade, doch andere Marken haben sich so verselbständigt, dass unter ihrem Namen Dinge verkauft werden, die mit den ursprünglichen Absichten der Gründer nichts zu tun haben. Ganz zu schweigen von jenen Prominenten, die entweder ihren Ruf (Stars wie die Sängerin Cristina Aguilera) oder nur ihren Namen (wie zum Beispiel der Tennisspieler René Lacoste) gnadenlos zu Markte tragen. Und dann gibt es Trademarks, unter denen gar nichts Greifbares verkauft wird, sondern nur eine Phantasie: Der Marktwert der englischen Königsfamilie Windsor beispielsweise wird unter Eingeweihten auf knapp zehn Milliarden Dollar geschätzt.

Männer wie Ferdinand Porsche, Adolf Dassler und Gianni Versace aber, um nur drei Beispiele zu nennen, würden sich wahrscheinlich sehr wundern, wenn sie wüssten, dass ihre Namen inzwischen nicht nur Sportautos, Sportschuhe und sportliche Kleidung zieren, sondern auch Sonnenbrillen und Duschgels.

Der Metzinger Schneider Hugo Boss wiederum dürfte sich eher am Juchtengeruch hochschäftiger SS-Stiefel berauscht haben als an Parfumessenzen, die heute unter dem Firmenlogo vertrieben werden.

Dass der Reifenhersteller Michelin einen berühmten Restaurantführer herausgibt, lässt sich indes nachvollziehen. Schon 1900 publizierten die Brüder Edouard und André Michelin einen Ratgeber für Automobilisten, in dem unter anderem Tankstellen und Verkaufsstellen für Reifen aufgelistet waren. Über Letzteren thronte schon damals der Michelin-Mann. Er ist eines der ältesten unverkennbaren Markenzeichen der Welt. »Wenn er Arme hätte, sähe er fast so aus wie ein Mensch«, hatte Edouard beim Anblick eines Reifenstapels bemerkt. Kurz darauf traf er einen Zeichner, der gerade eine Skizze zurückerhalten hatte, die er für eine bayerische Brauerei angefertigt hatte. Sie zeigte einen massigen Mann mit vollen roten Backen, der einen Humpen Bier hochstemmt und den spätrömischen Dichter Horaz mit den Worten zitiert: »Nunc est bibendum« – zu Deutsch: »Jetzt lasst uns trinken.« Edouard Michelin erinnerte der Trinker an den Reifenstapel, und Bibendum – so der offizielle Name des Reifenmaskottchens – war geboren.

Der Londoner Sattler Alfred Dunhill wiederum nahm die Diversifizierung seiner Produkte von Anfang an vorweg. »Alles für das Auto außer dem Motor« war der Slogan für seinen Laden, in dem er alles vertrieb, was frühe Autofahrer brauchten: von Schutzbrillen über Ledermäntel bis hin zu Uhren und Picknickkörben. Schon in den dreißiger Jahren wurde das Sortiment um Rasierwasser ergänzt, und nach dem Zweiten Weltkrieg ging das Unternehmen quer durch Europa auf große Einkaufsfahrt: Den Hamburger Schreibwarenspezialisten Montblanc verleibten sich die Londoner ebenso ein wie die Modelabels Chloé, Hackett und Lagerfeld. Und als die Firma schließlich mit dem französischen Juwelier Cartier fusionierte, gab es kaum mehr etwas, was Dunhill nicht anbot. Mit Ausnahme der klassischen Zigaretten: Diese Sparte hatte man in weiser Voraussicht weltweiter Antiraucherkampagnen schon frühzeitig abgestoßen, auch wenn der Name noch heute auf der Packung steht.

So allgegenwärtig sind Marken geworden, dass inzwischen sogar Obst, Gemüse und Nudeln von ihnen erfasst wurden. Statt nach Bananen oder Spaghetti zu verlangen, kaufen wir Chiquita und Barilla. Seit 1991 hat sich allein in den USA die Zahl der Marken, die man in Supermarktregalen findet, mehr als verdreifacht. In einem einzigen Jahr registriert das zuständige US Patent and Trademark Office über 200 000 neue Markenzeichen. Anfang der achtziger Jahre waren es im Schnitt nur 40 000 im Jahr gewesen.

»Von all den Dingen, die deinem Unternehmen gehören, sind die Markennamen die bei weitem wichtigsten und haltbarsten«, urteilte etwa die amerikanische Werbe-Legende Jim Mullen. »Gründer sterben. Fabriken brennen ab. Maschinen verschleißen. Lagerbestände erschöpfen sich. Technologie veraltet. Die Loyalität zu einer Marke ist die einzige solide Grundlage, auf der Geschäftsleute dauerhaftes, gewinnträchtiges Wachstum aufbauen können.«

Jeder Unternehmer hofft darauf, dass die Verbraucher seiner Marke treu bleiben werden, und viele Jahre lang konnten sie sich darauf verlassen. In manchen Fällen sehen sich Konsumenten nicht nur als Käufer einer bestimmten Ware, sondern als Mitglieder einer verschworenen Gemeinschaft Gleichgesinnter, die alle bei Gap einkaufen und Starbucks trinken. Immer mehr Firmen kommen diesem Trend entgegen, indem sie Facebook-Seiten einrichten, als ob es sich um »Freunde« handeln würde und nicht um Konzerne. Andere gehen noch weiter und beziehen die Kunden in Entscheidungen ein, die vorher allein dem

174

Aufsichtsrat vorbehalten waren. Der amerikanische Soft-Drink-Hersteller Snapples und der britische Kartoffelchips-Produzent Walkers ermutigten ihre Käufer, selbst Ideen für neue Geschmacksrichtungen zu entwickeln und über die Vorschläge abzustimmen.

Aber diese alten Sicherheiten geraten zunehmend ins Wanken. Je mehr Trademarks in Umlauf sind, desto mehr flirten die Konsumenten mit der Konkurrenz. Längst sind die Zeiten vorüber, da man sich als Produzent zufrieden zurücklehnen konnte, wenn man einen Kunden von seiner Ware überzeugt hatte. Nach neuesten Erhebungen würden nur noch vier Prozent aller Käufer in den Vereinigten Staaten bei ihrer Marke bleiben – egal ob es sich um Autos, Zigaretten, Computer oder Präservative handelt –, wenn ein Rivale bessere Qualität zu einem besseren Preis anbietet. In Europa sieht es nicht viel anders aus.

Es ist ja nicht nur so, dass Konsumenten heute verwöhnter sind angesichts der Vielfalt, aus der sie wählen können – ein durchschnittlicher Supermarkt hat 30 000 verschiedene Produkte auf Lager. Dank des Internets sind die Kunden auch besser informiert und können hinter die glänzenden Fassaden blicken, welche die Werbung in der Regel errichtet. Das aber bedeutet, dass sich keine Firma einen Ausrutscher leisten kann. Pannen bei Bremsen und Gangschaltung bei einem Kraftfahrzeug, Empfangsstörungen bei einem Handy, komplizierte Bedienungsanleitungen bei einer Software – all das reicht aus, um den Marktwert einer Marke ins Bodenlose stürzen zu lassen, egal wie hoch geachtet sie bislang gewesen sein mag. Toyota und Nokia sind nur zwei Beispiele aus der jüngeren

Vergangenheit. Außerdem erlauben es Informations-kanäle wie Twitter, Facebook und Internet neuen Produkten, sich schneller auf dem Markt zu etablie-ren und sich gegen alteingesessene Marken durchzu-setzen.

Darüber hinaus hat sich natürlich herumgespro-chen, dass manche Hersteller einen höheren Preis al-lein wegen des Namens verlangen, der ihr Produkt ziert. Mit Ausnahme von markenverliebten Teen-agern fallen immer weniger Verbraucher auf diesen Trick herein. Der gebildete Konsument weiß, dass die Computer vom Billiganbieter Dell im Zweifel in der-selben südchinesischen Fabrik zusammengeschweißt werden wie die schicken Edelprodukte mit dem be-rühmten Sony-Logo auf dem Deckel.

Das bleibt natürlich nicht ohne Folgen. Es ist noch nicht lange her, da konnte es sich Sony leisten, fast 50 Prozent mehr für seine DVD-Spiele zu verlangen als die Konkurrenz. Binnen kurzer Zeit mussten die Japaner diese Marge auf 16 Prozent zurückschneiden. Das Logo allein zog einfach nicht mehr.

Nur noch wenige Produzenten profitieren in erster Linie von ihrem Namen. Einer ist ohne Frage Apple. Steve Jobs Kreation – die übrigens nach dem berühm-ten Schwerkraftversuch Isaac Newtons mit dem Ap-fel benannt ist – brauchte noch nie in die Tiefen von Sonder- und anderen Billigangeboten hinabsteigen. Ähnlich verhält es sich mit Marken, die mit purem Luxus in Verbindung gebracht werden, wie etwa Louis Vuitton oder Prada.

Früher einmal waren Kunden einer Marke ein Le-ben lang verbunden: Wer einmal einen Citroën kaufte, der fuhr immer einen Citroën. Es war wie eine Ehe, und man hat seine Marke gegen alle Kritiker in Schutz genommen. Doch solche lebenslangen Bindungen gibt es heute nicht mehr. Ursprünglich hatten sich Marken durchgesetzt, weil sie entweder eine Garantie für Qualität boten oder ein Produkt bereitstellten, das es nirgendwo anders in dieser Form gab. Doch heute werden Qualitätsstandards vom Staat allgemein durchgesetzt, und die Zeiten, in denen Gillette der einzige Hersteller von Wegwerfrasierapparaten war, sind lange vorbei.

»Marken ist der Strom ausgegangen«, stellte denn auch Kevin Roberts fest. »Sie sind tot. Heute ist der Verbraucher der Boss, und Marken können sich nirgendwo mehr verstecken.«

Roberts muss wissen, wovon er spricht, denn als Chef von Saatchi and Saatchi führt er eine der erfolgreichsten Werbeagenturen der Welt. Produkte, so hat er erkannt, erwecken weder Respekt noch Liebe beim Kunden. Trends rufen Liebe hervor, aber keinen dauerhaften Respekt. Bei Marken verhalte es sich umgekehrt: Sie riefen Respekt hervor, mitunter auch dauerhaft, aber keine Liebe. Die Zukunft gehört daher seiner Meinung nach etwas, das er Lovemarks nennt. Nach seiner Beschreibung klingt es wie eine perfekte Ehe, in der man den Partner nicht nur liebt, sondern auch achtet. Eine Scheidung ist freilich auch unter diesen Umständen immer noch möglich.

Rede und Antwort:
Sprachliches

Nach letzter Zählung werden auf der Welt noch 6912 Sprachen gesprochen. Dazu gehören Sprachriesen wie Mandarin-Chinesisch, Englisch, Spanisch, Hindu und Arabisch mit mehreren Hundert Millionen Sprechern. Auch Deutsch schafft mit knapp 100 Millionen Muttersprachlern noch den Sprung in die Spitzengruppe der Top Ten – zum Leidwesen der einst so dominierenden Franzosen, die es nur auf 70 Millionen Muttersprachler bringen.

Am unteren Ende der Liste sammeln sich Zwerge wie Luxemburgisch (immerhin noch 390 000 Sprecher), Rätoromanisch (35 000) oder Ostfriesisch mit circa 3000 Muttersprachlern.

Doch selbst diese Gruppen sind noch groß im Vergleich zu den Sprachen mit den wenigsten Sprechern auf der Welt: Hiren in Peru (sechs Sprecher) und Ter Sami, das nur noch von zwei Personen im Osten der Kola-Halbinsel gesprochen wird. Immerhin haben sie noch jemanden, mit dem sie sich unterhalten können.

Cristina Calderon dagegen kann nur noch Selbstgespräche führen. Die alte Dame aus Feuerland im tiefen Süden Südamerikas ist der letzte Mensch der Welt, der Yagan spricht – eine der ersten indigenen lateinamerikanischen Sprachen, die von Europäern studiert und erforscht worden waren.

Mit Señora Calderon wird Yagan für immer erlöschen, ein Schicksal, das schätzungsweise mehr als 500 weiteren Sprachen der Welt akut droht. Vor kurzem erst ist mit dem letzten Sprecher Bo ausgestorben, eine Sprache, die seit 6500 Jahren auf den Andamanen-Inseln im Indischen Ozean existierte. Seit dem Tod seiner Eltern 30 Jahre zuvor hatte der letzte Bo-Sprecher niemanden mehr gehabt, mit dem er in dieser Sprache hätte reden können. Ebenfalls nur mehr zwei Sprecher gibt es für Zoque, eine Sprache in der mexikanischen Provinz Tabasco. Es handelt sich um zwei ältere Herren, die allerdings nicht miteinander reden. Nicht, weil sie einander gram wären. Sie hätten sich nur einfach nichts zu sagen, haben Sprachforscher berichtet. Weder in Zoque noch im dominierenden Spanisch.

Die UNESCO geht davon aus, dass am Ende des 21. Jahrhunderts nur noch die Hälfte der heute vorhandenen Sprachen übrig geblieben sein wird – ein Aderlass, der mit dem Aussterben vieler Tierarten vergleichbar ist.

Der renommierte kanadische Kultur-Anthropologe Wade Davis hat die Zerstörung von Sprachen denn auch auf eine Stufe mit der Zerstörung der Umwelt gestellt. Sprachen, so meint er, seien nicht einfach Behältnisse für Wörter, sondern über Jahrtausende herangewachsene »Wälder des Geistes, die einzigartige Arten des Seins, des Denkens und des Wissens festhalten«. Wenn Sprachen ausstürben, so Davis, »verringert dies die gesamte Bandbreite menschlicher Vorstellungskraft«.

Wann genau und auf welche Weise die unterschiedlichen Sprachen entstanden sind, ist bis heute nicht restlos geklärt. Dass die Umstellung des Homo sapiens von Rohkost auf gekochtes Essen etwas mit der Umformung der ungeschlachten Mundwerkzeuge zu sprachfähigen Muskeln zu tun haben könnte, haben wir ja bereits erwähnt. Sicher ist, dass die Sprache uns über andere Lebewesen der Schöpfung hinaushebt. Wale mögen einander ansingen, Vögel zwitschern und Pinguine eine ausgeprägte Körpersprache beherrschen – doch ob diese Kommunikationsmittel an die Ausdrucksmöglichkeiten menschlicher Sprache heranreichen, muss bis zum Beweis des Gegenteils bezweifelt werden.

Die Menschheit war sich dieses Vorteils schon immer bewusst. Es ist ja kein Zufall, dass das Johannesevangelium mit dem Diktum beginnt: »Am Anfang war das Wort, und das Wort war bei Gott, und Gott war das Wort.« Eine ähnliche Hochachtung für das gesprochene Wort findet man auch in anderen Kulturen. Im hinduistischen Pantheon ist Vac die Göttin der Sprache und in dieser Eigenschaft Königin aller Götter. Sie gilt als Personifizierung des Soma, einer flüssigen Essenz des Visionären und der Unsterblichkeit. Nebenbei symbolisiert sie auch die Wahrheit, ein Umstand, der sich einer gewissen Ironie nicht erwehren kann. Denn nichts befähigt den Menschen besser zur Lüge als die Sprache.

Ein Babel-Ereignis, wie es die Bibel erwähnt, dürfte es in der Menschheitsgeschichte zwar nicht gegeben haben; als gesichert gilt aber, dass es einst sehr viel größere Sprachfamilien gab als heute, die sich zunächst in unterschiedliche Dialekte und anschließend in radikal verschiedene Sprachen aufsplitterten, was vor allem daran lag, dass ihre Sprecher wegzogen und sich in anderen Weltgegenden niederließen. Das Proto-Indoeuropäische, eine von Linguisten rekonstruierte Sprache, gehörte zu den größeren Sprachfamilien. Aus ihm entwickelten sich alle indoeuropäischen Sprachen – vom keltischen Gälisch über Deutsch, Englisch, Russisch und Italienisch bis hin zu Persisch und Sanskrit.

Die Sprache, die dem Proto-Indoeuropäischen, zumindest was die Verbreitung angeht, heute am nächsten kommt, ist das Englische. Sie ist die am weitesten verbreitete Zweitsprache mit knapp einer Milliarde Sprechern in allen Teilen der Welt. (Chinesisch wird zwar von ebenso vielen Menschen gesprochen, doch die Mehrheit von ihnen sind Chinesen, die in China leben und sich nur mit anderen Chinesen unterhalten.)

Wer nun anfängt, die globale Dominanz des Englischen und seinen abträglichen Einfluss auf andere, schwächere Sprachen zu beklagen, der soll sich eines vor Augen führen: Englisch ist so groß und so verbreitet, dass es inzwischen beginnt, von den Rändern her auszufransen. Englisch zerbröckelt in eine Vielzahl eigenständiger Dialekte, die sich mehr und mehr auseinanderentwickeln. Es ist dasselbe Schicksal, das der früheren Weltsprache Latein widerfuhr: Heute wissen Rumänen und Portugiesen, Franzosen und Italiener zwar, dass ihre Sprachen auf ein und dieselbe Zunge zurückgehen. Dennoch müssen sie die Sprache des jeweils anderen, um sich unterhalten zu können, erlernen – wenn es ihnen meist auch leichter fällt als einem Holländer, Araber oder Armenier.

Dies bringt uns zu einer Frage, die so alt ist wie Sprachkurse, verzweifelte Sprachschüler und Sprachführer: Sind manche Sprachen einfacher zu erlernen als andere?

Pauschal lässt sich das nicht beantworten. Der Zugang zu Sprachen, die mit der eigenen verwandt sind, ist natürlich leichter als der zu völlig fremden Idiomen. Holländer tun sich leichter mit Englisch und Deutsch als wahrscheinlich mit Türkisch, das wiederum von Japanern schneller gelernt wird, weil die grammatikalischen Strukturen der beiden Sprachen überraschend ähnlich sind. Arabisch wiederum stellt zum Beispiel für Israelis keine unüberwindbare Hürde dar: Hebräisch mag zwar mit anderen Buchstaben geschrieben werden, aber es gehört ebenfalls zur semitischen Sprachfamilie.

Dann aber gibt es Sprachen, die mit keiner der großen europäischen oder asiatischen Sprachen verwandt sind. Dazu gehören unter anderem einige der im Kaukasus gesprochenen Sprachen oder die Idiome der amerikanischen Indianer im Norden und im Süden des Kontinents. Navajo beispielsweise, die Sprache der in New Mexico, Arizona und Utah lebenden Diné-Indianer, ist für Außenstehende derart undurchdringlich, dass die US-Armee im Zweiten Weltkrieg Navajo anstelle eines Geheimcodes verwendete. An den sogenannten »Windtalkers«, die von Hollywood in einem Film verewigt wurden, bissen sich die besten japanischen Code-Knacker die Zähne aus, da sich die Navajo-Sprache allen logisch-mathematisch arbeitenden Dechiffrierungsansätzen entzieht.

Ein kleines Grüppchen von Sprachen wiederum steht mutterseelenallein ohne jegliche Verwandte auf der Welt. Die bekannteste von ihnen ist Baskisch. In den unzugänglichen Bergen und tiefen Tälern des

Baskenlandes konnte sich die Sprache jahrtausendelang gegen alle äußeren Einflüsse behaupten: Keltische Ureinwohner Spaniens, römische Eroberer und
schließlich spanische Herrscher auf der einen und
französische auf der anderen Seite der Pyrenäen hin-
terließen bei den Basken keinen sprachlichen Eindruck.

Entsprechend fremdartig klingt Baskisch in unseren Ohren. Daher ist es vermutlich recht passend,
dass gerade jenes Wort, das die Sprachmelodie für
Außenstehende am besten beschreibt, von den meisten europäischen Sprachen ausgerechnet aus dem
Baskischen entlehnt worden ist: bizarr. Es leitet sich
vom baskischen Wort für Bart ab, bizar.

Baskisch ist also für Fremde nur schwer zu erlernen,
was unter anderem daran liegt, dass es keine Parallelen zu bekannteren Idiomen gibt. Außerdem ist die
Sprachstruktur an sich sehr komplex, so wie übrigens
bei allen kleinen Sprachen auf der Welt. Als Faust-
regel gilt: Je mehr Menschen über eine lange Zeit eine
bestimmte Sprache sprechen, desto mehr hat sie sich
abgeschliffen und ist einfacher geworden. In gewisser
Hinsicht gilt das sogar für den Vergleich zwischen
Deutsch und Englisch. Letzteres hat alle Artikel, Geschlechter und – mit Ausnahme des Genetivs – alle Endungen verloren, die das Deutsche in reichlichem Umfang weiterhin mit sich herumschleppt. Aber Deutsch
war auch nie eine internationale Kolonial- und Han-
delssprache. Vor allem aber wurde Deutschland nie
von einer fremden Kultur komplett übernommen, wie
dies den germanisch sprechenden Angelsachsen nach
1066 durch die französisch sprechenden Normannen
widerfuhr.

Aber warum haben kleine Sprachen wie etwa das Baskische oder das Armenische eine so viel kompliziertere Grammatik? Die Antwort ist einfach: In einer kleinen Sprachfamilie redet man kaum mit Fremden und stattdessen sehr viel eher und häufiger mit Freunden, Verwandten und Bekannten, die mit der Welt des Sprechers vertraut sind. Große Erklärungen erübrigen sich deshalb meistens. Wenn ich auf etwas hinweisen will, dann genügt es, dies als Endung an ein Wort anzuhängen.

Das Türkische – zugegeben keine kleine Sprache – illustriert dies dennoch sehr schön. »Köy« ist das Dorf, »köyler« sind die Dörfer, was noch nachvollziehbar ist. »Köylerim« aber ist mein Dorf, »köyleriz« sind unsere Dörfer. »Köylerize« sagt man, wenn man in unsere Dörfer geht, »köylerizde«, wenn man in unseren Dörfern angekommen ist. Wofür wir mehrere Wörter brauchen, dafür reichen im Türkischen Endungen. Das lässt sich fast bis ins Unendliche steigern. Wenn Türken Ausländern einen grammatikalischen Schrecken einjagen wollen, dann führen sie dieses Beispiel für ein zungenbrechendes Bandwurmwort an: »Cekoslovakyalilastiramadiklarimizdanmissinz?« Zu deutsch: »Waren Sie eine dieser Personen, die wir nicht zu einem Tschechoslowaken machen konnten?« Zugegeben, die Gelegenheiten, diese Frage zu stellen, sind etwas beschränkt. Aber das Türkische kennt genügend Beispiele aus dem Alltag, an denen die Anhänge-Technik deutlich wird. »Evlerindemiscesine rahattilar« kann man etwa sagen, wenn der Teenager-Nachwuchs die elterliche Wohnung für eine Party bereitgestellt hat: »Sie haben sich benommen, als ob sie in ihrem eigenen Haus gewesen wären.«

Andere Sprachen, die über Jahrhunderte von der Außenwelt weitgehend abgeschottet waren, sind noch komplexer als das Türkische. Meist sind es Idiome, die in gebirgigen Gebieten überlebt haben. Man muss nicht weit gehen, um solche Sprachen auch bei uns zu finden. Das Rätoromanische, die vierte offizielle Sprache der Schweiz, geht auf ein spätes Legionärslatein zurück und hat sich hinter den Bergen im Kanton Graubünden erhalten. Es ist die einzige romanische Sprache mit germanischen Umlauten über den Vokalen.

Wahre Paradiese der Sprachenvielfalt sind der Kaukasus mit 40 und Papua-Neuguinea mit unglaublichen 820 eigenständigen und teilweise überhaupt nicht miteinander verwandten Sprachen. Im Kaukasus, an der Schnittstelle zwischen zaristischem, osmanischem und persischem Reich, haben trotz der Dominanz der drei führenden Sprachen der Kolonialherren in Konstantinopel, Teheran und St. Petersburg einige der kompliziertesten Sprachen der Welt überlebt – angefangen bei relativ großen Sprachen wie dem Tschetschenischen mit einer Million Muttersprachlern über das Abchasische mit 100 000 bis hin zu Zwergen wie dem Artschinischen, das heute nur noch rund tausend Menschen beherrschen.

Dass es in Papua-Neuguinea derart viele Sprachen gibt, erklärt sich daraus, dass einzelne Völker aufgrund der undurchdringlichen Dschungelverhältnisse nie Kontakt zu anderen Stämmen hatten. Dies hat ihre Eigenheiten bewahrt, denn wie bereits erwähnt, vereinfacht auch geringer Kontakt zu Anderssprachigen jedes Idiom.

Das beste und am nächsten liegende Beispiel für

diese These ist die Weltsprache Englisch. Nach der Eroberung der Inseln durch die Normannen unter Wilhelm dem Eroberer im Jahre 1066 legte das alte Angelsächsisch unter dem Einfluss des mit den Eindringlingen ins Land gelangten normannischen Französisch Endungen, Fälle, Geschlechter und komplizierte Konjugationen ab. Wäre die Schlacht von Hastings nicht von Wilhelm, sondern vom angelsächsischen König Harold gewonnen worden, spräche man in England heute eine Sprache, die eher nach Schwedisch, Isländisch oder Niederländisch klingen würde.

Ein drittes Element der Sprachvereinfachung ist die Alphabetisierung einer Nation. In der gesprochenen Sprache neigen Endungen und einzelne Wörter dazu, so miteinander zu verschmelzen, dass nur Muttersprachler einer Rede zu folgen imstande sind. Es ist eine Erfahrung, die jeder macht, der eine Fremdsprache erlernt: Selbst wenn man kein Problem hat, einen Text zu lesen und zu verstehen, stürzt man in tiefste Verzweiflung, wenn man die Sprache, die man monatelang gelernt hat, zum ersten Mal von Einheimischen gesprochen hört.

Auf dieser Basis funktioniert ein alter Witz, den man sich in deutschen Emigrantenkreisen im London der dreißiger Jahre des letzten Jahrhunderts erzählte. Ein Universitätsprofessor, des Englischen nicht mächtig und an das trockene Studium aus Lehrbüchern gewöhnt, bringt sich in seiner möblierten Bude im Vorort Hampstead selbst Englisch bei – wobei ihn am meisten irritiert, dass Wörter nie so ausgesprochen werden, wie sie geschrieben sind. Endlich wagt er sich zum ersten Mal auf die Straße, bummelt durchs West End mit seinen Kinos und Theatern. Vor Letzteren hängen Plakate mit Auszügen aus Rezensionen. Auf einem steht in großen Lettern: »Hamlet pronounced success.« Worauf der Professor nach Hause schleicht und sich erneut in seine Bücher vertieft. Der Grund: Anstatt zu lesen »Hamlet ein ausgesprochener Erfolg«, hatte er verstanden: »Hamlet wird ausgesprochen wie Success.« Überrascht hätte es ihn nicht.

Warum Sprachen besondere Eigenarten entwickeln und andere nicht, ist bisher nicht restlos erforscht worden. Deutsch ist mit 27 Buchstaben vergleichsweise übersichtlich. Rechnet man aber die Umlaute ä, ö und ü sowie Diphthonge wie ei, ai, äu, eu, oi und – in merkwürdigen Familiennamen – oy hinzu, wird das für Außenstehende schon ziemlich komplex. Und dabei haben wir noch gar nicht das scharfe ß erwähnt.

Manche Sprachen wiederum kommen mit einem Minimum an Buchstaben aus, wie beispielsweise Rotokas, das auf der Insel Bougainville unweit von Papua-Neuguinea gesprochen wird und nur zwölf Laute kennt, oder Piraha im Amazonas-Dschungel, das vermutlich nur zehn Buchstaben braucht. Khmer wiederum, die Amtssprache von Kambodscha, hat ein Alphabet mit 74 Buchstaben.

Piraha und Rotokas sind zudem die vokalreichsten Sprachen. Das Piraha-Verb für »intensiv suchen« beispielsweise heißt »xohoaaaaaa« und gilt als das vokalreichste Wort aller Sprachen. Kaukasische Zungen wiederum bevorzugen Konsonanten. Abchasisch etwa kommt mit lediglich zwei Vokalen – a und u – aus. Entsprechend dicht ballen sich in diesen Sprachen die Konsonanten. Auf Georgisch, das ein paar Vokale mehr besitzt, sagt man etwa »vprtskvni«, wenn man sich anschickt, eine Banane zu essen: »Ich schäle sie.« Auch

Deutsch wird von manchen Nationen zu dieser Konsonanten-Kategorie gezählt. Demnach ist »Angstschweiß« das deutsche Wort mit den meisten – acht – Konsonanten in einer Reihe.

Die komplizierteste Sprache der Welt aber dürfte !Xóo sein – das tatsächlich mit einem Ausrufezeichen geschrieben wird, weil dies einen Klick mit der Zunge bedeutet. Es wird nur noch von einigen Tausend Buschmännern in der Wüste Kalahari gesprochen. Die Vokale in !Xóo können auf vier verschiedene Arten und in vier verschiedenen Tonhöhen ausgesprochen werden, zu den üblichen Konsonanten gesellen sich die Klicks, die sich anhören wie das Schnalzen, mit dem man ein Pferd zum Traben bringt – nur eben in 22 verschiedenen Abarten: fünf Grund- und 17 Nebenklicks. Der südafrikanische Sprachforscher Tony Traill, die führende Autorität für !Xóo, entwickelte beim Lernen der Sprache einen Knoten am Kehlkopf. Zur Sorge bestand jedoch kein Anlass. Studien ergaben, dass jeder erwachsene !Xóo-Sprecher diesen Knoten hatte. Bei Kindern hatte er sich nur noch nicht entwickelt.

Grundsätzlich gilt, was der russisch-amerikanische Linguist Roman Jakobson (1896–1982) feststellte: »Sprachen unterscheiden sich im Wesentlichen nicht darin, was sie vermitteln wollen, sondern in dem, was sie vermitteln müssen.« Bei vielen Sprachen gehört dazu die Notwendigkeit, das Geschlecht der Person, von der die Rede ist, eindeutig zu nennen.

Ein Engländer, der fremdgeht, kann seinem Partner offen sagen, dass er mit einem »friend« im Kino war. Das Substantiv ist geschlechtslos, und solange er nicht das Personalpronomen der dritten Person Singular verwendet, weiß niemand, ob es sich um einen Mann handelt oder um eine Frau.

Diesen Luxus haben die meisten anderen Völker nicht. Deutsche, Franzosen, Russen, Italiener – sie alle müssen spezifisch werden und sagen, ob es ein Freund war oder eine Freundin, ein drug oder eine podruga, ein amico oder eine amica. Franzosen immerhin sind fein raus, solange sie ihr Geständnis nicht zu Papier bringen. Denn nur geschrieben gibt es einen Unterschied zwischen ami und amie, hören kann man ihn nicht.

Manche Sprachen freilich verlangen von ihren Sprechern Höchstleistungen an Genauigkeit. Das bereits erwähnte hochkomplexe Navajo etwa hat ein besonders enges Verhältnis zu präzisen geometrischen Formen und besitzt daher ein eigenes Vokabular dafür. Das Wort »alhch'inidzigai« steht für »zwei weiße Linien, die in einem Punkt zusammentreffen«. Die Eskimo-Sprache möchte von ihren Sprechern genau wissen, auf welche Weise sie etwas wissen: aus Erfahrung, praktisch, eher allgemein, schon immer oder erst seit kurzem – in jedem Fall ist ein grundsätzlich anderes Verb notwendig.

Das ist im Grunde genommen viel faszinierender als der mittlerweile widerlegte Mythos, dass Eskimos Dutzende verschiedener Wörter für Schnee kennen. (In Wirklichkeit sind es nicht mehr als fünf, also ebenso viele wie das Englische oder andere weniger exotische Sprachen.) Die in den Sprachen angelegten Kommunikationsmuster erlauben ungewöhnlich tiefe Einblicke in das Denken von Völkern. Sie zeigen, was ihnen wichtig ist.

Javanisch beispielsweise kennt zwei Arten besitzanzeigender Pronomen, je nachdem, ob ein Gegenstand veräußerlich oder unveräußerlich ist. Mein untrennbar mit mir verbundener Arm oder mein Leben fallen damit in eine Kategorie, alle anderen Besitztümer vom Kaugummi bis zum Eigenheim in die andere, weniger wichtige. Sie sind, so die Logik hinter der Grammatik, letzten Endes nur geborgt.

Oder nehmen wir Matses, das von einem nur mehr knapp 3000 Männer und Frauen umfassenden Stamm im Hochland von Peru gesprochen wird. Die Sprache kennt drei Vergangenheiten, je nachdem, ob etwas in der jüngsten Vergangenheit (bis zu einem Monat), der entfernteren Vergangenheit (bis zu 50 Jahren) oder in grauer Vorzeit passiert ist.

So weit ist das nicht weiter ungewöhnlich. Perfekt, Imperfekt und Plusquamperfekt gehören schließlich zum kleinen Einmaleins vieler Sprachen. Aber Matses verlangt darüber hinaus, ähnlich der erwähnten Eskimo-Sprache, dass man genau mitteilt, wie man etwas erfahren hat. Das kann eine unmittelbare persönliche Erfahrung sein (ich habe Leute hier vorbeigehen sehen) oder auf Beweismaterial beruhen (Fußspuren zeigen, dass hier Leute vorbeigegangen sind). Beruht meine Information indes nur auf Mutmaßungen (hier kommen immer Leute vorbei), muss ich eine andere grammatikalische Konstruktion verwenden. Und noch eine andere Form wird benutzt, wenn die Information auf reinem Hörensagen beruht: Man sagt, dass hier angeblich Leute vorbeigegangen sind.

Die Matses pflegen übrigens, was nicht ursächlich mit dieser Sprachspezialität zu tun hat, die Polygamie. Ein Mann kann also mehrere Frauen haben, doch wenn man ihn fragt, wie viele es denn seien, zwingt ihn seine Sprache zu ungewöhnlicher Vorsicht und Präzision. Sind die Gattinnen nicht anwesend, muss er wörtlich erwidern: daed ikosh. Zu Deutsch: Zwei – als ich zum letzten Mal nachgesehen habe.

Waren die Griechen farbenblind?

Natürlich ist es Unfug zu behaupten, dass früher alles besser gewesen sei. Vermutlich trifft eher das Gegenteil zu. Man kann sicher auch nicht sagen, dass Politiker früher klüger gewesen seien als heute. Aber mit größter Wahrscheinlichkeit waren sie im Allgemeinen gebildeter als ihre heutigen Nachfahren, die mitunter sogar ihre Doktorarbeiten abkupfern. Politik wurde ja seinerzeit nicht als Beruf angesehen, sondern – im Idealfall – als Berufung und im weniger idealisierten Fall als nützliche Bereicherung der eigenen Taschen. Aber dass jemand als Jugendlicher als Berufsziel Politik angegeben hätte, das war wohl eher die Ausnahme.

Die meisten Staatsmänner des 19. und beginnenden 20. Jahrhunderts hatten daher eine solide Ausbildung oder ein abgeschlossenes Studium hinter sich. Sie mussten nicht unbedingt Akademiker sein – Deutschlands erster Reichspräsident Friedrich Ebert hatte das Sattlerhandwerk erlernt –, aber eine profunde Bildung brachten die meisten doch mit.

Zu ihnen gehörte einer der Giganten der alten liberalen Partei in Großbritannien: William Ewart Gladstone, der von 1809 bis 1898 lebte, viermal Premierminister und lebenslang politischer Gegenspieler des konservativen Politikers Benjamin Disraeli war. Zur

Entspannung vom politischen Alltag studierte er klassische griechische Texte, vor allem die Ilias und die Odyssee von Homer. Das hatten zwar auch schon Generationen von Gelehrten vor ihm getan, aber ihnen war nicht aufgefallen, worauf Gladstone stieß: Warum nur beschrieb Homer das Meer immer als rot und nie als blau?

Wohlgemerkt, der altgriechische Autor meinte nicht das Rote Meer, das seinen Namen zumindest teilweise zu Recht trägt, da eine bestimmte Algenart dem Wasser in gewissen Gegenden eine deutlich rötliche Färbung verleiht. Nein, für Homer war jeder Ozean »weinfarben«, wie das griechische Originalwort lautet – also rot.

Nachdem er aufmerksam geworden war, las Gladstone den Text erneut und achtete besonders auf die Farbbeschreibungen. Und siehe da: Er wurde fündig. Purpurn, weinfarben, rot schien fast alles zu sein, was der Dichter beschrieb: Ochsen, Pferde, Eisen, Odysseus' Haar und die Schafe des Zyklopen: »wunderschön und groß, mit dicker lila Wolle«. Sah der Dichter etwa die Welt durch eine rosafarbene Brille? Kaum denkbar, war er doch, soweit man weiß, blind. Trieben Freunde und Bekannte vielleicht einen grausamen Schabernack mit ihm, indem sie ihm die Welt mutwillig und absichtlich in Fehlfarben schilderten?

Denn es blieb ja nicht beim Rot. Auch bei anderen Schattierungen langte Homer kräftig daneben: Grün beispielsweise waren für ihn Gesichter, die Holzkeule des Zyklopen oder wahlweise auch der Honig. Mohnblumen auf dem Feld beschreibt er fast schon verliebt detailliert: die Köpfe geneigt, hinabgebeugt von der Last der Samen und dem Regen des Frühlings. Dass sie rot sind, findet er an keiner Stelle bemerkenswert.

Blau aber kommt in Homers Farbpalette überhaupt nicht vor. Nicht nur das Meer entbehrt dieser Farbe, auch der Himmel über Griechenland ist merkwürdig farblos. Sternenübersät ist er, weit, groß, wie Eisen oder Kupfer. Nur eines nicht: blau. Kyaneos, das griechische Wort für die Farbe blau, verwendet er sehr eigenwillig: für die Augenbrauen des Göttervaters Zeus und das Haar des Helden Hektor. Kurz gesagt: Mit Homer als Texter hätte der griechische Fremdenverkehrsverband mit seinen Fotobroschüren von schneeweißen Häusern zwischen blauem Meer und azurfarbenem Himmel längst einpacken können.

Kleiner Exkurs

Warnung, Gefahr und Leidenschaft, Feuer, Blut und Sonnenglut – die Farbe Rot hat es in sich. Sie symbolisiert die Liebe und den Krieg, sie schreckt ab – beim Hinterteil des Pavian – und lockt an – im Rotlichtbezirk. Die aufgehende Sonne strahlt purpurn, und reife Früchte leuchten in hellem Rot. Vor allem aber hat die Flüssigkeit, die bei einer Verletzung aus dem Körper tritt, diese Farbe: kein Wunder, dass der Mensch ihr von Anfang an eine besondere Bedeutung zuschrieb.

Die protoindoeuropäische Wurzel für das Wort, »reudh«, nimmt Bezug auf die archaische Erfahrung und bedeutet daher auch Blut. Und im Russischen haben die Wörter für Farbe, rot und schön denselben etymologischen Ursprung: Kraska, die Farbe, kommt von »krasnji«, und der *Krasnaja Ploschtschad* neben den Moskauer Kremlmauern ist nicht nur ein roter, sondern auch ein schöner Platz.

Mit Rot bringt man Gutes und Schlechtes in Verbindung: Rote Backen sind ein Zeichen blühender Gesundheit, wir schenken der Geliebten rote Rosen und malen rote Herzen auf die Liebesbriefe. Doch auch Fieber kann die Röte ins Gesicht treiben, rote Zahlen will niemand schreiben, und wer im Englischen auf frischer Tat ertappt wird, den erwischt man »red-handed« – buchstäblich mit frischem Blut an den Händen. Auf einen im Kalender rot angestrichenen Tag freut man sich. Die Sitte geht auf die Römer zurück: Deren Juristen pflegten wichtige Rubriken in Rot zu schreiben. Siegreiche römische Generäle färbten für ihren Triumphzug den ganzen Körper rot ein – zu Ehren des Kriegsgottes Mars.

Rot durften sich nur die Kaiser kleiden, denn der Farbstoff aus der Purpurschnecke war rar und teuer. Senatoren mussten sich mit einem roten Streifen an der Toga begnügen. Rote Festkleidung übernahm später auch die Kirche für die Kardinäle.

Für Kommunisten und Sozialisten in aller Welt symbolisiert das Rot in ihrer Fahne das vergossene Blut des Proletariats. Die Revolutionäre von Giuseppe Garibaldi, dem Vater des modernen Italien, nannten sich »camicie rossi«, nach ihren auffälligen roten Hemden.

Der bürgerliche Gegner der Kommunisten war dagegen immer weiß gekleidet – bis hin zum russischen Bürgerkrieg nach der Oktoberrevolution, als die Weißen die Roten bekämpften. Denn Weiß war die Farbe der beim Sturm auf die Bastille 1789 gestürzten französischen Dynastie der Bourbonen. Doch Rot als Farbe der Revolution hat einen sehr viel älteren Stammbaum: Die persische Sekte der Churramiten entstand im 9. Jahrhundert und kämpfte unter anderem für Konzepte wie freie Liebe und die Umverteilung großer Vermögen. Sie erfreute sich jahrhundertelang großen Zulaufs. Ihre Mitglieder erkannte man an ihrer roten Kleidung.

Gladstone fand auch nur eine plausible Erklärung für das farbige Tohuwabohu: Die alten Griechen müssen farbenblind gewesen sein. Oder präziser ausgedrückt: Sie sahen die Welt, ähnlich wie Hunde und Katzen, im Wesentlichen in schwarz-weiß-grauen Schattierungen mit einigen kräftigen roten Tupfern. Denn »erythros«, das Wort für Rot, verwendet Homer oft auch richtig.

Gladstones Schlussfolgerung war zwar nicht restlos zufriedenstellend, aber der Politiker versuchte eine etwas wissenschaftlichere Erklärung zu finden: Farbe als abstraktes Konzept, so vermutete der Staatsmann, werde für den Menschen erst wichtig, wenn er damit beginne, seine Umwelt selbst künstlich einzufärben. Blaue Farbstoffe aber seien im klassischen Altertum sehr schwierig herzustellen gewesen und waren daher entsprechend rar und teuer. Kein Wunder also, dass man diese Schattierung nicht wahrnahm, geschweige denn beschrieb.

Schon Gladstones Zeitgenossen war freilich klar, dass damit nicht das letzte Wort gesprochen war. Aber der Politiker hatte mit seinen Beobachtungen einer Wissenschaft den Weg geebnet, die bisher eher ein stiefmütterliches Schattendasein gefristet hatte: die Philologie, die Lehre von der Sprache.

Natürlich wollten Menschen schon immer wissen, woher die Sprache und die Sprachen kamen. Ganz besonders trieb sie die Neugier um, welches wohl die erste Sprache gewesen sein mochte, die von der gesamten Menschheit gesprochen wurde, bevor Gott ihr wegen des biblischen Turmbaus zu Babel die Zungen verwirrte. Wie redeten wohl Adam und Eva miteinander? Oder verhielten sie sich wie viele Ehepaare und schwiegen sich meistens ausdrucksvoll an?

Diverse wissenschaftlich dilettierende Könige stellten eigene Testreihen auf. Dabei wurde ein neugeborenes Kind von seiner Umwelt isoliert und von Taubstummen aufgezogen. Die Sprache, so die Überlegung, die diese Kinder sprechen würden, wäre dann die natürliche Ursprache, die sich – unbeeindruckt von äußeren Einflüssen – Bahn brechen würde.

Insgeheim erhoffte man sich, dass es das eigene Englisch, Deutsch oder Latein wäre, das sich dabei herausschälen würde. Voltaire notierte dazu ein Bonmot, das er aus dem Munde einer näselnden Madame am Hofe von Versailles vernommen hatte: »Wie bedauerlich, dass dieses Missgeschick von Babel die Sprachen durcheinandergemischt hat«, klagte die Dame. »Wäre das nicht passiert, dann hätte die ganze Welt schon immer Französisch gesprochen.«

Andere Hobby-Sprachforscher waren weniger nationalistisch. Sie erwarteten Hebräisch oder Griechisch, die beiden Sprachen der Bibel, als Ergebnis ihrer Experimente mit isolierten Kindern. Doch was diese unglückseligen Versuchskaninchen dann tatsächlich vor sich hin brabbelten, war generell unverständlich. Kein Wunder: Ohne ein gesprochenes Wort zu hören und zu imitieren, entwickelten sich nur seltsame Laute, die für niemanden außer dem Sprecher einen Sinn ergaben.

Kleiner Exkurs

Es gibt wohl kaum eine andere Farbe, die einen schlechteren Ruf hätte als Gelb: Neid, Eifersucht und Feigheit, die »gelbe Gefahr«, Gelbfieber und Gelbsucht. Selbst die Post ist gelb – weil dies dereinst die Wappenfarbe der ersten Briefbeförderer Thurn und Taxis war. Bei einer solchen Ballung von Negativa hat selbst das Frischesymbol einer leuchtend gelben Zitrone einen schweren Stand. Für Christen steht Gelb für Ketzerei, da es die Farbe des Verräters Judas war. Juden wurden gezwungen, gelbe Hüte zu tragen, und gelb war auch der Stern, den Juden auf Geheiß der Nazis tragen mussten.

Sogar in der Natur steht Gelb, vor allem in Kombination mit Schwarz, für Vorsicht, gefährlich, ungenießbar. Mit Erfolg: Nur wenige Wespen werden von Vögeln gefressen.

Dabei begann Gelb sein Dasein eigentlich ganz positiv. Die Sprachwurzel »ghel« stand für glänzend und für Gold. Selbst unser hässliches Verb glotzen stammt aus derselben Familie und war einst ein Kompliment: Wenn jemand sein Gegenüber anglotzte, dann strahlte er es mit leuchtenden Augen an. Doch diese Bedeutung ist längst vergilbt, und ja, auch der Gilb kommt aus demselben gelben Stall.

Es war also notwendig, die Suche nach der Ursprache – so sie denn überhaupt einmal existierte – wissenschaftlicher anzugehen. Keine hundert Jahre vor Gladstones Zeit hatte man zum ersten Mal Ähnlichkeiten zwischen Altgriechisch und Latein auf der einen und dem exotischen Sanskrit auf der anderen Seite festgestellt. Dass Holländisch, Englisch, Deutsch und Schwedisch; Polnisch, Tschechisch und Russisch; Französisch, Spanisch und Italienisch miteinander verwandt sein müssen, das war schon lange kein Geheimnis mehr. Dass es aber Parallelen zu einer Sprache geben konnte, die in einem Tausende von Kilometern entfernten Kulturkreis gesprochen worden war, ließ die Wissenschaft dann doch aufhorchen.

Der Mann, dem diese Entdeckung gelang, war selbst ein Sprachgenie. Schon als Kind hatte William Jones, der aus Nordwales stammte und Mitte des 18. Jahrhunderts in London aufwuchs, Griechisch, Latein, Persisch, Arabisch und Hebräisch sowie die Grundzüge der chinesischen Schrift gelernt. Am Ende seines Lebens beherrschte er 13 Sprachen fließend und 28 weitere gut genug, um sich in ihnen unterhalten zu können. Seine Faszination für Indien begann, als er zum Richter am Obersten Gerichtshof von Bengalen ernannt wurde. In seiner Freizeit studierte er Sanskrit und entdeckte die Parallelen, die ihn die Theorie von einer indoeuropäischen Ursprache formulieren ließen, aus der alle Sprachen dieser Familie zwischen Indien über Persien bis ins keltische Irland hervorgegangen seien.

Aufzeichnungen in dieser Sprache gibt es nicht, denn in reiner Form wurde sie wahrscheinlich nie von Menschen gesprochen. Man nennt sie Proto-Indoeuropäisch oder kurz PIE. Sie existiert nur in der Wissenschaft. Dennoch ist sie die Grundlage von der Lehre der indoeuropäischen Sprachfamilie, zu der die romanischen, keltischen, germanischen und slawischen Sprachen gehören.

Aber kehren wir zurück zu Ewart Gladstone und seiner letztendlich unbefriedigenden Erklärung des homerischen Farben-Paradoxons. Unbefriedigend war sie vor allem deshalb, weil wenige Jahre nach seiner Entdeckung Sprachforscher haargenau dieselbe Art von Farbenblindheit auch bei anderen Völkern und Sprachen herausgefunden haben wollten. Ob in den indischen Veden oder im Alten Testament, im Koran oder in den isländischen Sagas – auch diese Texte enthielten den einen oder andern eklatanten farblichen Fehlstich. Vor allem Blau schien in allen diesen Texten ebenso zu fehlen wie bei Homer.

Kleiner Exkurs

Blaubart, Blaustrumpf, Blaumann – ob Massenmörder, alte Jungfrau oder proletarische Arbeitskluft, sie alle sind genauso blau wie jemand, der zu tief ins Glas geblickt hat. Auch blauäugig können sie sein, und dazu müssen sie noch nicht mal ach so heiß begehrte blaue Augen haben, die offenbar sehr häufig weltfremde Naivität ausstrahlen.

Grundsätzlich ist es eine Wohlfühlfarbe, selbst beim Alkoholiker, dessen Adern in der Nase anschwellen und sich bläulich abzeichnen. An einem blauen Montag kann man blaumachen und eine Fahrt ins Blaue – nämlich in den wolkenlosen Himmel hinein – planen. Der Blaue Montag geht auf das alte Handwerk der Färber zurück. Mit blauem Färberwaid getränkte Wolle blieb den ganzen Sonntag über im Farbbad und musste montags getrocknet werden. Die Gesellen hatten also nichts zu tun – und »nichts« heißt im Hebräischen »belo«, aus dem auf dem Umweg über das Jiddische das Blaumachen ins Deutsche gelangte.

In Amerika allerdings hat der Blue Monday keinen fröhlichen Beigeschmack. Im Gegenteil: Es ist der schlimmste Tag des Jahres – der dritte Montag im Januar. Das ist der Tag, an dem die meisten Neujahresvorsätze gekippt werden und die Kreditkartenrechnungen für die Weihnachtseinkäufe eintrudeln. Außerdem ist das Wetter schlecht. Aber »blue« steht im Englischen sowieso für Trauer und Niedergeschlagenheit. Wenn man zu viel Blues-Musik hört, kann man den Blues kriegen – tiefe Depressionen.

Unter denen leiden mitunter auch Blaublütler, die man an ihren Pulsadern erkennt. Angeblich geht der Ausdruck auf den letzten Westgotenkönig zurück, der Spanien regierte. Roderich fiel 711 bei Jerez de la Frontera in einer Schlacht gegen die Sarazenen. Die waren dunkelhäutig und daher schwer beeindruckt von den blauen Adern auf der hellen Haut der Goten, denen sie daher unterstellten, blaues Blut zu haben. Ein oberflächlicher Blick über die Leichen eines Schlachtfeldes hätte sie zwar eines Besseren belehren können, aber der Mythos hielt sich und wurde später auf alle Adligen übertragen. Kein Wunder: Bei deren sonnenverbrannten und dreckverkrusteten Untertanen konnte man überhaupt keine Adern erkennen.

Ritzte ein Bauer seinem Lehnsherrn dann doch einmal die Haut auf, so dass das rote Blut hervorspritzte, so erlebte er sein blaues Wunder – wenn auch nicht so unterhaltsam wie beim Ursprung dieser Redensart: Zauberkünstler pflegten bei ihren Vorführungen auf Jahrmärkten blauen Rauch zu erzeugen, damit ihnen die Zuschauer nicht allzu genau auf die Finger blicken konnten. Anders gesagt: Sie machten ihnen blauen Dunst vor.

Auch Etymologen, die in verschiedenen Sprachen die Wörter für blau auf ihre Herkunft untersuchten, wurden rasch stutzig. In vielen Sprachen ging »blau« auf Wörter zurück, die ursprünglich alles Mögliche an Schattierungen und Farben bedeuten konnten, nur nicht blau. Blau als eigenes Farbkonzept? Fehlanzeige.

Nehmen wir nur die indogermanischen Sprachen, die uns am nächsten sind: »blau«, »blue«, »bleu«, »blu« – sie alle haben dieselbe Wurzel wie die dezidiert unblauen Schattierungen »blond« und »blank«, »black« (englisch: schwarz) und »blanc« (französisch: weiß), »flavus« (lateinisch: gelb) und »blaws« (walisisch: grau). Eine beachtliche Palette, und sie entspringt der PIE-Wurzel »bhel«, was so viel wie leuchtend, hell und blitzend bedeutet und somit auf jeden irgendwie glänzenden Farbton angewandt werden konnte. Wenn also nicht nur Griechen Schwierigkeiten hatten, zwischen Grün und Blau zu unterscheiden, sondern auch Israeliten, Isländer und Inder, dann fiel die Theorie von der Farbenblindheit der alten Griechen sang- und klanglos in sich zusammen. Der zu seiner Zeit hochangesehene Frankfurter Sprachforscher Lazarus Geiger stipulierte denn auch, dass sich die Farbwahrnehmung der Menschheit im Laufe ihrer Geschichte allmählich immer weiterentwickelt habe. Ähnlich wie in der Schöpfungsgeschichte, als Gott zuerst Licht von Dunkel schied, habe auch der Mensch anfangs Schwarz und Weiß unterschieden, bevor er – in dieser Reihenfolge – Rot, Gelb, Grün und schließlich Blau wahrzunehmen begann. (An Töne wie Magenta, Petrol oder Tobago dachte man damals noch nicht einmal in hyperdelischen Opiumträumen.) Und solange man diese Farben nicht erkannte, brauchte man auch kein Wort, um sie zu benennen.

Beistand erhielt Geiger von einem Spezialisten außerhalb seiner eigenen Wissenschaft. Der Breslauer Ophtalmologe Hugo Magnus, eine anerkannte Koryphäe auf dem Gebiet der Farbenblindheit, behauptete, dass sich nicht nur Muskeln und Gehirn durch ständige Übung verbesserten, sondern auch die Netzhaut des Auges. Die antiken Völker, so behauptete er, hätten mit ihrer untrainierten Retina in einer Dämmerwelt gelebt, in der alle Farben blass und graustichig gewesen seien. Erst allmählich hätten sie ihren Gesichtssinn scharf gestellt wie ein Teleobjektiv und immer mehr Farben wahrgenommen. Diese Fähigkeit hätten sie dann an ihre Nachkommen vererbt, bis die Spezies schließlich Männer wie die Designer des Farbenmischers Dulux hervorbrachte, die die feinsten Schattierungen voneinander zu unterscheiden vermögen.

Kleiner Exkurs

Kermit, der freche Frosch aus der Muppet-Show, wusste es schon immer: »It's not easy being green«, sang er. Nein, es ist nicht einfach, grün zu sein, und einige Grünen-Politiker dürften zu manchen Zeiten aus tiefstem Herzen in diesen Stoßseufzer eingestimmt haben.

Um wie viel herzzerreißender müsste dieses Stöhnen ausfallen, wenn sich Joschka Fischer und seine politischen Enkel verdeutlichen würden, dass sie sich die schlechteste Farbe überhaupt für ihre Bewegung ausgesucht haben. Ja, grün sind der Wald und die Wiesen, und das Wort selbst leitet sich von growan = wachsen ab. Aber selbst in der Natur signalisiert Grün unreife und damit ungenießbare Früchte, Blätter und Getreide. Und noch etwas sollte stutzig machen: Es gibt zwar Insekten, Fische, Vögel und Reptilien in grüner Farbe, aber kein einziges grünes Säugetier.

Es kommt aber noch schlimmer, und die Tatsache,

dass wir von giftgrün sprechen, liefert einen unübersehbaren Hinweis: Grün ist die umweltfeindlichste Farbe der Welt. Es ist unmöglich, beispielsweise Plastik grün einzufärben oder Papier grün zu bedrucken, ohne diese Materialien zu verseuchen. Grüne Produkte können nicht ökologisch vertretbar recycelt oder kompostiert werden. Denn dieser Farbton, der in der Natur allgegenwärtig zu sein scheint, ist künstlich derart schwierig herzustellen, dass man toxische Substanzen braucht, um die Farbe zu stabilisieren.

Nehmen wir den Farbstoff Pigment Green 7, das am häufigsten zum Färben verwendete Grün. Es enthält in großen Mengen Chlor, und dass dieses Element giftig ist, können all die Bakterien bestätigen, die in Schwimmbadwasser davon getötet wurden. Weil Chlor Krebs und Geburtsfehler verursachen kann, wird es zur Reinigung von Trinkwasser immer weniger verwendet. Andere Grün-Farbstoffe sind auch nicht umweltverträglicher: Pigment Green 36 enthält zusätzlich Bromide, und Pigment Green 50 ist ein veritabler Gift-Cocktail mit Spuren von Kobalt, Titan, Nickel und Zinkoxiden.

Nachweislich hat grüne Farbe zahllose Menschen getötet, darunter vermutlich auch den Franzosenkaiser Napoleon. Als Ende des 18. Jahrhunderts Tapeten erschwinglicher und damit populärer wurden, zogen viele Hausbesitzer grüne Muster vor. Die besten Töne erhielt man, wenn man das Papier mit hochgiftigem Kupferarsenit tränkte. Nach seinem Erfinder hieß es auch Scheelesches Grün. Der deutsch-schwedische Chemiker Karl Scheele (1742–1786) war einer der ganz Großen seiner Zunft. Er entdeckte und isolierte acht Elemente, darunter Sauerstoff und Stickstoff, doch die Fachwelt verweigerte ihm lange die Anerkennung. Vielleicht lag es ja auch daran, dass es zu Scheeles unorthodoxen Arbeitsmethoden gehörte, grundsätzlich jede unbekannte Substanz in den Mund zu stecken und zu kosten.

Die grünen Tapeten schwitzten das Arsen aus und vergifteten langsam, aber sicher die Bewohner. Besonders effektiv wirkte dies in feuchtwarmem Klima und in Schlafzimmern. So wie auf Sankt Helena, Napoleons Verbannungsort. Des Kaisers Bettgemach war grün tapeziert, und in seinen Haaren entdeckte man nach seinem Tod Arsenspuren. Man sollte freilich nicht die Vorteile der giftgrünen Tapeten verschweigen: Sie hielten auch die Wanzenpopulation in Grenzen.

Uneingeschränkt positiv besetzt ist Grün bei Muslimen. Grün ist die Farbe des Islam, was nicht weiter überraschen sollte bei einer Kultur, die in der Wüste entstand und die im saftigen Grün der Palmen einer Oase einen Vorgeschmack aufs Paradies erkennen musste. Grün sind die Fahnen Saudi-Arabiens und Libyens, und der Koran schreibt, dass Gott selbst grüne Seide trägt. Das hätte er dann mit Elton John gemeinsam.

Heute weiß man, dass dies natürlich Unsinn ist. Die durchtrainierten Muskelpakete des Großvaters vererben sich nicht auf den Enkel. Der muss schon selbst Gewichte stemmen, wenn er einen ordentlichen Bizeps aufbauen will. In den Genen ist höchstens der Ehrgeiz festgelegt, der Angehörige der nächsten und übernächsten Generation ebenfalls Eisen stemmen lässt. Genauso wenig pflanzt sich ein verschärfter Gesichtssinn fort.

Charles Darwins Erkenntnisse aus der Evolutionsforschung gaben die ersten Antworten auf diese Fragen. Die faszinierenden Einblicke, die die Vererbungslehre bot, beschäftigten bald auch die Sprachforscher. Hinzu kam, dass der Kolonialismus der europäischen Großmächte auch die entlegensten Weltgegenden erschlossen und es ermöglicht hatte, Sprachen zu studieren, die mit keiner der bislang bekannten Sprachen verwandt waren.

Kleiner Exkurs

Schwarz tragen alle, die Respekt und Autorität verbreiten: Richter, Geistliche und früher auch Professoren in wehenden Talaren. Schwarz trägt aber auch, wer das autoritäre Establishment schockieren will: Existentialisten, Anarchisten, Gothic Punks und allerlei sinistres Hexenvolk, ganz zu schweigen von den Uniformen der SS. Zugegeben, in Schwarz bezeugt man Toten seine Anteilnahme, aber schwarz sind auch diverse illegale Machenschaften: vom Schwarzmarkt über die Schwarzarbeit bis hin zum Schwarzfahren in der U-Bahn.

Nein, ein froher Farbton war Schwarz noch nie. Wie könnte er auch, ist es doch die Farbe all jener

Objekte, die kein Licht reflektieren. Dass sie uns nicht ganz geheuer ist, sieht man schon an der Wurzel des Wortes: »schwarz« leitet sich vom selben Wort ab wie das lateinische »sordere«, und das bedeutet »schmutzig sein«.

Schwarze Schafe sind die ewigen Außenseiter, und als schwarzen Hund beschrieb Britanniens Kriegspremier Winston Churchill seine Depressionen. Zahlreich waren die schwarzen Tage, an denen er unter diesen Anfällen litt, da half ihm noch nicht einmal sein berüchtigter schwarzer Humor.

Positiv belegt ist diese Farbe nur, wenn man ins Schwarze trifft oder schwarze Zahlen schreibt. Aber mitunter muss man auf solche Glücksfälle warten, bis man schwarz wird. Diese Redewendung ist übrigens an Drastik kaum zu übertreffen. Sie bezieht sich auf die schwarze Verfärbung von Leichen, die einige Zeit nach dem Tod eintritt.

Um wie viel freundlicher ist da das Gegenstück zur Schwärze: Die ursprüngliche indoeuropäische Wurzel für das Wort »weiß« lautete so ähnlich wie kweit, woraus sich in mehreren Sprachen auch gleich noch die Wörter für Licht, Helligkeit und sogar Heiligkeit entwickelt haben. Reinheit, Unschuld, Sauberkeit und Lauterkeit, all diese Dinge verbindet man mit der Farbe Weiß. Kein Wunder, dass manchen Menschen Weiß als Königin der Langeweile erscheint. Engel, Täuflinge, Bräute, Ärzte und der Papst treten als weißgekleidete Lichtgestalten auf, aber eine generelle Unschuldsvermutung darf man wohl nur den ersten beiden Personengruppen unterstellen.

Außerdem sagt man weißgekleideten Menschen Friedfertigkeit nach, so wie der Friedenstaube. Wer auf dem Schlachtfeld eine weiße Fahne schwenkt, der ergibt sich und darf nicht mehr attackiert werden. Verbindlich festgeschrieben ist dieser Brauch im internationalen Recht überraschenderweise erst seit knapp mehr als hundert Jahren: In der Haager Landkriegsordnung von 1907 einigten sich die Weltmächte auf dieses Vorgehen. Faktisch wurde unter weißen Tüchern schon sehr viel früher über Waffenstillstände und Friedensabkommen verhandelt. Der römische Geschichtsschreiber Tacitus erwähnt die Praxis zum ersten Mal im Jahre 109. Danach hatten römische Legionäre ihre Schilde über den Kopf erhoben, wenn sie die Waffen streckten – was freilich, so will uns Tacitus weismachen, nicht sehr oft vorkam. Dieses »weismachen« aber hat mit der Farbe nichts zu tun. Ursprünglich bedeutete es das Gegenteil von »dumm verkaufen«: Wer jemanden weise machte, der half ihm mit klugen Ratschlägen auf die Sprünge. Erst im Laufe der Zeit verkehrte sich der Ausdruck in sein ironisches Gegenteil.

Wenn die Menschen früher die Frage nach einer mutmaßlichen Ursprache bewegt hatte, so wollten sie im 20. Jahrhundert wissen, ob die Gesetze der Grammatik ebenfalls überall identisch, sozusagen genetisch festgelegt sind oder ob sie von jeweiligen kulturellen Besonderheiten bestimmt werden.

Für die Nativisten, wie sich die Anhänger der »genetischen Grammatik« nannten, waren alle Menschheitssprachen einander ähnlich. Einem Marsmenschen, so das berühmte Diktum des Sprachforschers Noam Chomsky, würden Aztekisch und Chinesisch, die Sprache der Berber und Bengali nur wie verschiedene Dialekte ein und derselben Sprache erscheinen, ähnlich wie Sächsisch und Schwäbisch auf Sprecher des Hochdeutschen wirken.

Die Gegenfraktion sah jedoch keine Beweise dafür, dass Sprachregeln irgendwo in unseren Gehirnen vorprogrammiert wären. Für sie war klar, dass die Grammatik ein Spiegel sozialer und kultureller Konventionen ist. Mit anderen Worten: Unser Lebensstil und unsere Lebensart entscheiden, wie wir sprechen. Dahinter aber stehen, wie es der Autor Guy Deutscher formulierte, urmenschliche Charakterzüge. An erster Stelle nannte er Faulheit und Bequemlichkeit. Wir fühlen uns erst dann zu Taten bemüßigt, wenn sie unausweichlich werden. Dasselbe gilt für die Sprache: Wir prägen erst dann neue Wörter und Regeln, wenn sie uns notwendig erscheinen.

Daher war der Farbenstreit so bedeutsam. Dort ging es um die gleiche Frage: Sind Farben und ihre Zuordnung zu bestimmten Dingen – grünes Laub, rote Sonne, gelber Sand – genetisch verankert? Oder verständigen sich bestimmte Gesellschaften darauf, welchem Gegenstand sie welche Farbe zuordnen?

Die nächsten wertvollen Hinweise im Farbenstreit der Philologen und Linguisten lieferten Anthropologen: Die Ovaherero im südwestafrikanischen Namibia oder die Bewohner der Murray-Insel vor Australien etwa machten keinen sprachlichen Unterschied zwischen Grün und Blau, obwohl sie sehr wohl den farblichen Kontrast erkannten. Aber warum?

Kleiner Exkurs

Keine Wörter für Zahlen und Farben, kein Singular und kein Plural und insgesamt nur zehn Buchstaben: Auf den ersten Blick scheint Piraha, das von einem Stamm im Amazonas-Dschungel gesprochen wird, die einfachste Sprache der Welt zu sein.

Doch gerade weil sie so vermeintlich simpel ist, hat sie es in sich. Denn streng genommen kommt Piraha ganz ohne Buchstaben aus: Sie ist die einzige Sprache der Welt, die gesummt oder gepfiffen werden kann und dennoch verständlich bleibt. Denn wichtig sind nur Rhythmus, Takt und Tonhöhe. Genau dort aber lauern Fallstricke: Die Wörter für »ich« und »Scheiße« etwa unterscheiden sich nur in der Intonation. Es gibt nur ein Wort für Mutter und Vater, und das gesamte Farbenspektrum wird mit »hell« und »dunkel« beschrieben. »Eins« heißt »hoi«, »zwei« heißt ebenfalls »hoi«, nur in anderer Tonhöhe. Größere Zahlen werden mit dem Zusatz »viele« umschrieben. »Viele hoi« kann alles zwischen drei und unendlich sein. Die Schlichtheit wird an anderen Stellen durch enorme Komplikationen wettgemacht, vor allem bei den Verben. Die Vergangenheit können die Piraha nur dann korrekt bilden, wenn ein Augenzeuge das Ereignis miterlebt hat. Das hat insofern besonderen Charme, als die Geschichte mit dem letzten Zeugen verschwindet. Umso pingeliger ist Piraha mit dem Futur: Hier wird genau unterschieden, ob eine Handlung ein bestimmtes Ziel hat oder nicht, ob sie dauerhaft ist oder sich in Abständen wiederholt.

Uns erscheint dieses Verhalten absolut unverständlich, denn wir halten Grünes, Schwarzes und Blaues ganz gerne auseinander – und das nicht nur bei Banknoten verschiedener Denominationen. Aber genauso unverständlich muss es Russen vorkommen, dass andere Sprachen nicht mit selbständigen Wörtern zwischen hell- und dunkelblau unterscheiden, sondern mit den billigen Vorsilben »hell« und »dunkel«. Denn das Russische besitzt dafür zwei absolut verschiedene Vokabeln. »Sinij« ist beispielsweise ein tiefblauer Uniformrock, »goluboj« das pastellblaue Höschen eines neugeborenen Knaben – und vielleicht auch deshalb eine abwertende Bezeichnung für Schwule.

Unterscheidet sich diese Unfähigkeit des Deutschen oder Englischen, sprachlich eindeutig die verschiedenen Blautöne zu benennen, aber wirklich grundsätzlich von Homers Unfähigkeit, die Farbe Blau überhaupt zu erkennen?

Tatsache ist, dass die Menschheit ihre Umwelt in demselben Maße einfärbte, in der es notwendig wurde. Etymologen haben festgestellt, dass die Reihenfolge, in der die einzelnen Farben bestimmt wurden, in allen Kulturkreisen und Sprachen gleich ist. Rot war der erste Farbton, den man markierte, und der Grund wird schon nach kurzer Überlegung ersichtlich: Rot bedeutet Gefahr, rot bedeutet Blut, rot bedeutet auch Sex, rot ist das Feuer, rot läuft der Kopf an, wenn man sich schämt. Tests an Primaten – das heißt an Affen und Menschen – haben ergeben, dass wir von roten Farbtönen erregt werden. Rot ist also eine Farbe, über die geredet wird – ergo braucht man ein Wort dafür.

Die nächsten Farben auf der Prioritätenliste waren meistens Gelb und Grün. Auch das ist plausibel. Wer reife gelbe Früchte im grünen Laubwerk erkennt und dies anderen mitteilen will, der braucht dafür Wörter. Im Gegensatz dazu war eine Farbe wie Blau ohne jeglichen praktischen Nutzwert. Mit Ausnahme einiger rarer und meist ungenießbarer Vogelarten gibt es noch nicht mal Beutetiere in dieser Farbe. Blau waren der Himmel und das Meer. Aber von dem einen konnte man sich kein Stück abschneiden und vom anderen nicht trinken. Gefährlich waren die beiden Elemente nur, wenn sie ihre Schönwetterfärbung verloren und sich schwarz einfärbten.

Kleiner Exkurs

Nicht jeder mag glauben, dass der Mensch von Gott nach seinem Ebenbild geschaffen wurde, und dennoch benehmen wir uns jeden Tag Dutzende Male ganz selbstverständlich so, als ob wir das Zentrum des Universums wären. Das ist übrigens buchstäblich zu verstehen, denn wann immer wir eine Richtung angeben – vorne, hinten, oben, unten, links oder rechts –, dann bestimmen wir sie von unserer eigenen Person aus. Meine aktuelle Position im Universum definiert, wo die Pantoffeln liegen, wo der verirrte Passant den Bahnhof findet und wo sich das Sofa unter dem Allerwertesten befindet.

Egozentrisch nennt man diese Art der Ortsbestimmung, und niemand – kein Philosoph, Theologe oder Naturwissenschaftler – machte sich je Gedanken darüber. Schließlich schienen ja alle Menschen in allen Kulturkreisen und allen Sprachen das so zu halten. Bis Sprachforscher auf ein Eingeborenenvolk in Australien stießen. Sie sprechen die Sprache Guugu Yimithirr und geben Richtungen stets geographisch an – mit den Himmelsrichtungen gungga = Norden, jiba = Süden, guwa = Westen und naga = Osten.

Konkret bedeutet das, dass jeder Sprecher zu jeder Zeit und an jedem Ort gleichsam ein globales Positionssystem oder zumindest einen Kompass im Kopf haben muss, wenn er sich durch den Alltag bewegt. Möchte er etwa einen Mitmenschen bitten, ein wenig zur Seite zu rücken, dann muss er dies ganz genau ausdrücken. Je nach Standpunkt und gewünschter Richtung wäre das beispielsweise naganaga manaayi oder – wenn er sich umdreht – guwaguwa manaayi: »Beweg dich ein bisschen nach Osten« oder »Beweg dich ein bisschen nach Westen«.

Welche Herausforderungen Guugu Yimithirr an seine Sprecher stellt, wird schnell deutlich. Ein vergleichsweise einfacher Satz wie »Hol mir doch meine Lesebrille, sie liegt links auf dem Tisch, der rechts von der Tür steht« wird zu: »Sie liegt am Südende des westlichen Tisches.« Sogar beim Zeitungslesen mischt sich die Geographie ein. »Blättere mal zurück« hängt davon ab, in welche Richtung der Leser blickt: Blättere nach Süden, Norden, Osten oder Westen.

Guugu-Yimithirr-Sprecher erlernen diese Fähigkeit von Kindheit an. Sie fühlen die jeweilige Himmelsrichtung selbst dann, wenn sie sich in einem dunklen Raum oder in einem dichten Wald befinden. Ihre Fähigkeit lässt sie aber im Stich, wenn sie mit dem Flugzeug in eine unbekannte Gegend gebracht werden. Inzwischen weiß man, dass auch andere Sprachen in Polynesien, Mexiko, Bali, Nepal und Madagaskar Richtungen geographisch und nicht egozentrisch ausdrücken. Warum sich diese Besonderheit entwickelte, ist unbekannt. Sicher ist, dass es nicht von der jeweiligen geographischen Lage der Sprecher abhängig ist. Im südwestafrikanischen Namibia beispielsweise leben zwei Völker in enger Nachbarschaft. Während eines egozentrisch denkt und spricht, verwendet das andere die Himmelsrichtungen.

Moderne Gesellschaften sind diesen Primärfarben längst entwachsen, und heute verfügen nicht nur Künstler und Hersteller von Emulsionen über eine breite Palette an Farbtönen und -namen.

In einem anderen Bereich sind wir allerdings ähnlich schwach aufgestellt wie Homer und seine altgriechischen Landsleute, und folgendes Beispiel illustriert vielleicht am besten das Problem:

Bei der Beschreibung von Geschmacksempfindungen sind wir äußerst einfach gestrickt: süß, sauer, bitter, salzig – mit gerade mal vier verschiedenen Aromen kommt die Menschheit seit Menschengedenken aus. Anfang des 20. Jahrhunderts steuerte der japanische Forscher Kikunae Ikeda die Geschmacksbeschreibung »umami« bei – nach dem japanischen Wort für fleischig und herzhaft. Diese Geschmacksrichtung kommt unter anderem in knackig reifen Tomaten, in bestimmten Käsesorten und in der Muttermilch vor. Im allgemeinen Sprachgebrauch hat sie sich freilich nicht durchgesetzt. Niemand käme auf die Idee zu sagen, dass ein Tomatensalat ein bisschen zu umami schmeckt. Bis ins Jahr 2005 musste die Welt warten, um einen sechsten Geschmack zu benennen – und auch das ist in der Fachwelt umstritten. Angeblich gibt es auf der Zunge, die diverse Geschmacksrichtungen wahrnimmt und unterscheidet, auch spezielle Rezeptoren für fettig. Aber selbst wenn man Fett als eigenes Aroma klassifiziert, haben wir noch immer kein eigenes Wort für den Geschmack.

Wenn wir verschiedene Arten von Süße, Schärfe oder Bitterkeit beschreiben wollen, müssen wir uns recht ungelenk mit Umschreibungen behelfen: honigsüß, zuckersüß, zahnschmelzauflösend süß. Aber wie beschreibe ich eine vollreife Banane? Wir kennen und schmecken die Unterschiede zwischen einem sauren Apfel, einer sauren Zitrone und einem sauren Wein. Aber wir halten es eben nicht für notwendig, sie mit spezifischen Vokabeln zu versehen. Angenommen, es gäbe eine außerirdische Kultur, die eine ähnliche Obsession mit dem Geschmack hat, wie wir sie für optische Eindrücke reserviert haben, würde sie uns nicht als geschmackstot bezeichnen, so wie Gladstone einst den alten Griechen Farbenblindheit unterstellte?

Stille Helden

Charles-Michel de l'Épée (1712–1789)

Im Leben des kleinen Charles-Michel stimmte einfach alles: Er wurde in eine wohlhabende Familie geboren, die in der hipsten Stadt des Landes lebte, in der sich der prächtigste Hof Europas befand: Versailles, wo sich der Palast des Sonnenkönigs Ludwig XIV. befand, war eigentlich mehr als das. Es war das Zentrum der zivilisierten Welt.

De l'Épée hätte diese Welt offengestanden. Er hätte eine Karriere als Höfling oder als Diplomat einschlagen können, aber er entschied sich für die Kirche. Die Kirche wies ihn jedoch ab. Obwohl er sein Theologiestudium beendet hatte, wurde ihm die Ordination zum Priester verwehrt, weil er einer damals populären Philosophie namens Jansenismus anhing, die vom Vatikan verurteilt wurde. Jansenisten glaubten, dass der Mensch keinen eigenen Einfluss auf sein Seelenheil habe, da dies allein von der göttlichen Gnade abhänge. Er könne sich Beten, Beichten und Büßen daher sparen. Kein Wunder also, dass diese Lehre bei der Amtskirche auf Widerstand stieß. Nur der Intervention einflussreicher Freunde seines Vaters verdankte L'Épée es, dass er doch noch zum Abbé geweiht wurde, was in etwa einem Kaplan entspricht.

Angetrieben vom Bestreben, im Namen des Herrn Gutes zu tun, ging er in die unbeschreiblich elenden Slums des vorrevolutionären Paris, genau zu jenen Menschen, denen Marie-Antoinette schon bald zy-

nisch und kaltherzig empfehlen sollte, sich an Kuchen zu halten, wenn es ihnen an Brot mangele. Hier begegnete er zwei tauben Schwestern, die sich in einer eigenen Zeichensprache miteinander verständigten.

Gehörlose, Taube und Taubstumme rangierten in der sozialen Skala ganz weit unten, nicht anders als andere Behinderte. Da sie sich nicht verständigen konnten, wurden sie oft als geistesschwach eingestuft. Sie waren von vielen Berufen ausgeschlossen und durften sich noch nicht einmal selbst vor Gericht verteidigen. Selbst vom Empfang kirchlicher Sakramente waren sie ausgeschlossen, ein Umstand, der den Abbé L'Épée besonders schmerzte. Die Begegnung mit den beiden Schwestern inspirierte ihn daher 1760 zur Gründung einer eigenen Schule für Gehörlose und – weitaus bedeutsamer für die Zukunft – zur Entwicklung einer für alle Taubstummen verständlichen Gebärdensprache.

Natürlich haben sich Menschen schon immer mit Zeichen, Signalen und Gebärden verständigt, ja, es gibt sogar eine Theorie, wonach Zeichensprachen älter sind als gesprochene Kommunikation. Mönche in frühmittelalterlichen Klöstern entwickelten ein Fingeralphabet, mit dem sie sich während ihrer langen Schweigeperioden unterhalten konnten, und auch Militärs waren zu allen Zeiten an stiller Kommunikation interessiert.

L'Épée jedoch erfand de facto eine eigene Sprache, mit eigenen grammatikalischen Regeln und allen anderen Bestandteilen einer Sprache. Nach heutigen Maßstäben war sie außergewöhnlich kompliziert, aber sie legte den Grundstein für die heutigen Gebärden-

sprachen in aller Welt. Dies gilt ganz besonders für die am weitesten verbreitete Zeichensprache: Die ASL (American Sign Language) wurde gemeinsam von Laurent Clerc, einem ehemaligen Schüler in L'Épées »Institution Nationale de Sourds-Muets«, und dem amerikanischen Geistlichen Thomas Hopkins Gallaudet entwickelt.

Unter dem monarchischen Ancien Régime in Frankreich erfuhr die Arbeit des Abbé keine Anerkennung. Erst die Revolutionäre von 1789 erkannten L'Épées Leistung an und ernannten ihn 1791 zu einem »Wohltäter der Menschheit«. In der 1791 von der Nationalversammlung verabschiedeten Erklärung der Menschen- und Bürgerrechte erhielten Taubstumme volle Rechte. L'Épée erlebte diese Ehren nicht mehr. Er starb in den ersten Monaten des Revolutionsjahres, nur wenige Monate vor der Erstürmung der Bastille.

Sex und Grammatik

Es war der große amerikanische Spötter Mark Twain, der sich lustig machte über die vermeintlich so »schreckliche« deutsche Sprache. Ganz besonders hatte er dabei die drei verschiedenen Geschlechter im Visier, in die das Deutsche seine Substantive einteilt. Was denn von einer Sprache zu halten sei, fragte er höhnisch, in welcher eine junge Frau – das Mädchen – kein Geschlecht habe, eine Rübe aber sehr wohl – und ausgerechnet auch noch das weibliche.

Tatsächlich haben Engländer und Amerikaner erhebliche Schwierigkeiten beim Erlernen von Sprachen mit zwei oder drei Genera – wie diese Geschlechter formvollendet heißen. Und auch Deutsche sind mit ihrem Maskulinum, Femininum und Neutrum nur unzureichend auf Spanisch oder Französisch vorbereitet, obwohl diese beiden Sprachen nur zwei Geschlechter haben. Leider decken die sich nämlich nicht immer mit ihrem deutschen Gegenstück: Die Brücke, le pont, ist halt im Französischen ein Mann, und der sehr machohaft klingende Schmetterling ist auf Spanisch ein flatterhaftes Mädchen – la mariposa.

Das Proto-Indoeuropäische, der Urahn der indogermanischen Sprachen, begann mit nur zwei Geschlechtern – männlich und neutral. Ersteres bezeichnete aktive, lebende Objekte, das zweite unbelebte, passive. Das Femininum entstand später, offensichtlich aus einer Form des Neutrums Plural. Es liegt nahe anzunehmen, dass weibliche Wörter anfangs tatsächlich weibliche Wesen und anschließend Gegenstände bezeichneten, denen feminine Eigenschaften nachgesagt werden konnten.

In einer Sprache, die in Papua-Neuguinea gesprochen wird, Manambu, ist das noch heute deutlich zu sehen. Feminin sind dort kleine, runde Dinge, maskulin ist alles, was lang, groß oder einfach intensiver ist. Wie in anderen Sprachen auch führen die Zwänge dieser Grammatik daher manchmal zu bizarren Konstruktionen. So ist der Bauch – klein und rund – weiblich. Ein großer schwangerer Bauch hingegen ist demgemäß natürlich männlich. Die Dunkelheit ist feminin, solange Dämmerlicht herrscht. Die pechschwarze Nacht hingegen trägt einen männlichen Artikel.

Anderen, nicht indoeuropäischen Sprachen allerdings, reichen drei Genera bei weitem nicht aus. Supyire etwa, das in der westafrikanischen Republik Mali gesprochen wird, kennt fünf Geschlechter: für Menschen, für große Dinge, für kleine Dinge, für Gruppen und für Flüssigkeiten. Große Tiere wie Pferde, Giraffen oder Nilpferde fallen also in die Kategorie großer Dinge. Der Elefant hingegen ist vom Genus her menschlich, offensichtlich ein Zeichen für die Wertschätzung, die ihm entgegengebracht wird.

Kleiner Exkurs

Káwesqar, eine Sprache, die von den Ureinwohnern Feuerlands auf der unwirtlichen Südspitze Südamerikas gesprochen wird, verfügt über das präziseste Wort, das je gefunden wurde: Der einfache Ausdruck »mamihlatanapai« bedeutet übersetzt nicht mehr und nicht weniger als »einander ansehen in der Hoffnung, dass der andere etwas tun wird, was beide Seiten möchten, was aber keiner der beiden zu tun bereit ist«. Wer hat sich nicht schon einmal in dieser Lage befunden. Endlich gibt es ein Wort, das diese Situation nicht besser, prägnanter und präziser ausdrücken könnte.

Andere Sprachen treffen freilich noch feinere Unterscheidungen. Das afrikanische Swahili etwa hat zehn Genera, das von australischen Ureinwohnern gesprochene Ngan'gityemerri bringt es gar auf den Rekord von 15 Geschlechtern – darunter maskulin und feminin menschlich, jeweils eines für hundeartige und für nicht hundeartige Tiere, für Gemüse, für Getränke und zwei verschiedene für Wurfspeere – unterschieden nach Größe und verwendetem Material. Dyirbal, eine australische Eingeborenensprache, kennt ein eigenes Geschlecht ausschließlich für »Frauen, Feuer und gefährliche Sachen«. Rekordhalter aber dürfte Bora sein, eine in Peru gesprochene Sprache: Sie bringt es auf mehr als 350 verschiedene Geschlechter.

Mark Twain war nicht der Einzige, der sich über die scheinbare Willkür wunderte, mit der den Gegenständen ein Geschlecht zugewiesen wird: Warum ist der Baum männlich, die Borke weiblich und das Blatt sächlich? Warum sind Hunde grundsätzlich erst mal Männchen, Katzen Weibchen und Pferde geschlechtslos? In unseren modernen Sprachen sind die Ursprünge dafür oft verschüttet. Doch bei anderen Sprachen lässt sich sehr gut zurückverfolgen, wie ein Wort zu seinem Genus kam – und weshalb dies dann meist gar nicht mehr bizarr oder komisch erscheint.

Gurr-goni beispielsweise, eine australische Eingeborenensprache, hat ein eigenes Geschlecht für jede Art von essbarem Gemüse. Das aus dem Englischen entlehnte Wort »erriplen« (airplane) für Flugzeug trägt ebenfalls dieses Geschlecht. Zwar wird zum Beispiel den Chinesen scherzhaft nachgesagt, dass sie in ihrer Küche alles verarbeiten, was vier Beine hat, außer Tischen, und alles mit zwei Flügeln, außer Flugzeugen. Aber dass die Gurr-goni, die im Norden Australiens unweit der Stadt Darwin leben, Flugzeuge kleinschnipseln und zusammen mit Bohnen und Linsen in den Kochtopf rühren, das ist dann doch kaum vorstellbar.

Plausibel aber ist der Weg, der zum Gemüse-Genus

führte. Zunächst bekamen neben essbaren auch alle anderen Pflanzen das Gemüsegeschlecht. Von dort war es nur ein kleiner Schritt, alle hölzernen Objekte genauso zu definieren, Kanus beispielsweise. Ein Kanu aber ist letztlich ein Transportmittel, so wie Flugzeuge. Und schon erschließt sich die Logik der Grammatik.

Am anderen Ende des Spektrums existieren Sprachen, die ganz ohne Geschlecht auskommen – sogar, wenn von Männern, Frauen und Sachen die Rede ist. Egal ob er, sie oder es – im Türkischen ist alles o, im Ungarischen ö, im Finnischen hän und im Vietnamesischen nó. Das hilft ungemein, wenn man am Telefon vor potentiellen Mithörern vertuschen will, welches Geschlecht der Gesprächspartner hat. In manchen Sprachen, wie etwa dem Arabischen, ist das unmöglich. Schon bei der einfachen Alltagsfrage »Wie geht es dir?« ist an der Endung erkennbar, ob man mit einer Frau oder mit einem Mann spricht.

Sprachen mit Geschlechtern aber haben einen weitaus größeren Einfluss auf ihre Sprecher, als diese sich je eingestehen würden. Denn sie prägen, wie man bestimmte Gegenstände sieht beziehungsweise welche Qualitäten – männliche oder weibliche – man ihnen unbewusst zuweist, je nachdem, ob ihnen ein männlicher oder ein weiblicher Artikel vorangestellt ist.

Kleiner Exkurs

Moderne Sprachen sind Archive alter Vorurteile – man muss nur genau hinschauen. Die ehrwürdigen

englischen Titel Lord und Lady etwa haben einen sehr bodenständigen Hintergrund, der viel aussagt über die traditionelle Rollenverteilung von Männern und Frauen. Lord leitet sich ab von »hlaf-weard«. Dahinter verbergen sich der Brotlaib und, im zweiten Teil des Wortes, der Hüter, wie er im Deutschen im Wort »Torwart« erhalten geblieben ist. Der Herr des Hauses hielt also das Brot unter Verschluss und teilte es nach eigenem Ermessen aus. Und die Lady? In ihr steckt das Wortpaar »hlaf-dige«. Abermals der Laib, gefolgt von einem Wort, das sich im Deutschen nur ein klein wenig verwandelt hat zu Teig. Aufgabe der Lady war es also, das Brot zu kneten und zu backen.

Ein erster Test wurde schon im Jahr 1915 vom Moskauer Psychologischen Institut angestellt. Die Versuchspersonen wurden aufgefordert, sich jeden Wochentag entweder als einen Mann oder eine Frau vorzustellen. Ausnahmslos bewerteten alle Teilnehmer Montag, Dienstag und Donnerstag als Mann, Mittwoch, Freitag und Samstag als Frau. Und ebenso ausnahmslos fanden es alle Versuchskaninchen schwierig, sich den Sonntag als männlich oder weiblich vorzustellen. Die Antwort auf das Rätsel lag auf der Hand: Die ersten drei genannten Wochentage sind im Russischen männlichen, die zweiten weiblichen Geschlechts. Nur der Sonntag, woskressenje, ist neutral.

Im Jahr 1990 führte der japanische Psychologe Toshi Konishi einen ähnlichen Versuch mit Spaniern und Deutschen durch, in dem er ihnen verschiedene Wörter mit Artikel vorlegte – die Luft, die Brücke, der

Apfel, der Schmetterling – und sie aufforderte, ihm zu sagen, was sie mit ihnen assoziierten.

Die Ergebnisse waren zwar erstaunlich, aber letzten Endes nicht völlig überraschend. Deutschen fielen zum Wort Brücke Adjektive wie schön, elegant, zerbrechlich, hübsch und schlank ein; Spanier hingegen beschrieben diese Art von Bauwerk als groß, gefährlich, lang, stark, robust und gewaltig. Enorme Unterschiede, die auf eine Kleinigkeit zurückgehen: Im Deutschen ist die Brücke weiblich, im Spanischen ist el ponte männlich. Ähnliche Versuche mit Italienisch und Französisch führten zu vergleichbaren Resultaten.

Der amerikanische Sprachwissenschaftler Guy Deutscher versuchte seinen englisch sprechenden Lesern anhand eines anschaulichen Beispiels nahezubringen, welche Vorteile eine Sprache mit männlichem und weiblichem Geschlecht hat. Er wählte dafür ein Gedicht von Heinrich Heine: »Ein Fichtenbaum steht einsam/Im Norden auf kahler Höh'./Ihn schläfert, mit weißer Decke/Umhüllen ihn Eis und Schnee.//Er träumt von einer Palme,/Die, fern im Morgenland,/Einsam und schweigend trauert/Auf brennender Felsenwand.«

Auf Englisch würde sich die tiefere Bedeutung des Gedichtes nie auf Anhieb erschließen, denn da sind sowohl der Fichtenbaum als auch die Palme sächlich: »the fir tree« und »the palm tree«. Im Deutschen jedoch verwandeln sich die beiden Bäume in Liebende, wobei sich der hochgereckte Fichtenbaum nach der biegsam schmeichelnden Palme verzehrt. Gräbt man noch ein bisschen tiefer, dann erkennt man in der nördlichen Fichte den deutschen Juden Heine, der Sehnsucht hat nach Israel, der Heimat seiner Väter.

Doch zurück zu der von Mark Twain verspotteten deutschen Maid. Natürlich stellen sich Deutsche kein geschlechtsloses Wesen vor, wenn »das Mädchen« ins Gespräch kommt. Unbewusst erkennen wir nicht ein Neutrum, sondern die Verkleinerungsendung »-chen«, die aus einer alten eine junge Maid macht. Und das Deutsche ist nicht die einzige Sprache mit derartigen Idiosynkrasien. Auch das griechische Mädchen – »koritsi« – ist ein Neutrum. Die Griechen gehen zudem noch einen Schritt weiter als die Deutschen. Ein besonders dralles, vollbusiges und kesses Mädchen wäre »koritsaros« – und das ist ein Maskulinum.

Hätte sich Mark Twain seine eigene Muttersprache ein wenig genauer angesehen, dann wäre ihm der Spott vermutlich ohnehin im Halse stecken geblieben. Die englische Frau – »woman« – ist eigentlich ein »wif-man«, übersetzt ein »Weibmann«. Als dieses Wort geprägt wurde, hatte das alte Englisch noch Geschlechter. Ein »woman« trug demnach dasselbe Genus wie der »man« – männlich.

Stille Helden

Otl Aicher (1922–1991)

Zu allen Zeiten gab es Sprachgenies, die bis zu mehreren Dutzend verschiedener Sprachen mehr oder weniger fließend beherrschten. Der Rest der Menschheit musste sich mit Radebrechen bescheiden oder auf Dolmetscher, Wörterbücher und Gesten zurückgrei-

fen. So lange jedenfalls, bis zwei Dinge zusammentra-
fen: die Olympischen Sommerspiele 1972 in München
und das Genie des Otl Aicher.

Er hatte sich schon früher sowohl in Deutschland als
auch auf internationalem Parkett einen Namen als Ge-
stalter, Graphiker und Designer gemacht. Seine kla-
ren, ehrlichen Linien veränderten nicht nur das visuelle
Erscheinungsbild vieler Firmen, für die er neue Logos
und Plakate entwarf; sie prägten im Ausland auch
nachhaltig das Bild eines modernen Nachkriegsdeutschland, das sich endlich vom schnörkeligen Bal-
last auch seiner graphischen Vergangenheit befreit
hatte. Der stilisierte gelbe Kranich der Lufthansa, das
»grüne Band der Sympathie« der Dresdner Bank, die
Logos von ZDF, Bulthaup Küchen, Bayern Rück, Raiff-
eisenbank und Flughafen Frankfurt entsprangen alle
der Schule Aichers.

Weltweite Veränderungen aber stieß er mit seinen
Piktogrammen an, die er für die Münchner Spiele entwarf. Sie sind inzwischen überall ein so selbstver-
ständlicher Bestandteil des Alltags geworden, dass
wir sie schon gar nicht mehr bewusst wahrnehmen:
das Strichfigürchen mit dreieckigem Leib als Hinweis
für das Damenklo, das Fragezeichen im Kreis als Symbol für eine Informationsstelle, die Vorderansicht eines
PKW mit einem Schlüssel quer über dem Dach als
Wegweiser zum Autoverleih.

Piktogramme gab es schon immer. Ägyptische Hie-
roglyphen sind nichts anderes, und chinesische
Schriftzeichen ebenfalls: kleine Bilder, die darstellen,
wovon die Rede ist. Im Lauf der Zeit wurden sie gra-

phisch immer stärker vereinfacht, wobei sie ihren engen Begriffswert verloren und sich zu Buchstaben wandelten. Unser A beispielsweise begann seine Existenz – auf den Kopf gestellt – als Vorderansicht eines symbolisierten Ochsenkopfes.

Otl Aichers Leistung aber bestand darin, seine Piktogramme von Anfang an auf das absolute Minimum an Strichen zu reduzieren und sie so für alle Kulturen gleichermaßen verständlich zu machen. Natürlich hagelte es zu Beginn Kritik: Als »Minimalschrift für Analphabeten des hektischen Zeitalters« schmähte ein aufgebrachter deutscher Bildungsbürger die bahnbrechende Neuheit.

Zu anderen Neuerungen Aichers, dessen Werke heute prominent im New Yorker Museum of Modern Art hängen, gehörte unter anderem auch ein Farbleitsystem durch den Münchner Olympiapark, das in seiner Schlichtheit genial war: Blau stand für Sportler und Sporteinrichtungen, Grün für die Presse, Orange für alles Technische und Silber für das Protokoll. Rot und Schwarz hatte Aicher bewusst verbannt: Diese Farben versinnbildlichten für ihn den Nationalsozialismus, und diese Ideologie hatte er als junger Mann zum Teil unter Lebensgefahr bekämpft. Der gebürtige Ulmer war mit den Geschwistern Scholl befreundet gewesen und hatte nach dem Krieg deren ältere Schwester Inge geheiratet.

Er starb 1991, als er im Garten seines Hauses in Günzburg arbeitete und von einem Motorrad angefahren wurde.

Bammel vor großkotzigen Ganoven:
Das wundersame Jiddisch

Die Sache trug sich vor vielen Jahren zu, als ich Korrespondent in Ägypten war. Bei einer Reise durch Israel war ich nach Beerscheba gekommen, eine Stadt, die sich in einem Anflug von Vermessenheit gelegentlich als »Perle des Negev« bezeichnet. Das heißt: Ganz so abwegig ist der Name vielleicht nicht. Der Negev ist die israelische Westentaschenversion der Wüste Sahara, und Beerscheba ist die einzige größere bewohnte Siedlung. Wer derart konkurrenzlos ist, kann sich getrost auch Perle nennen.

Ich weiß nicht, was ich erwartet hatte – vielleicht die Stein gewordene Fata Morgana einer romantischen orientalischen Stadt mit Kamelmarkt, Palmen und einem nach Gewürzen aus Tausendundeiner Nacht duftenden Basar. Jedenfalls entsprach die Realität ganz und gar nicht meinen Vorstellungen: Beerscheba ist eine moderne, gesichtslose und charmefreie Stadt, in der es außerdem nichts zu essen zu geben schien. Nach langem Suchen entdeckte ich schließlich ein Pfannkuchen-Restaurant, das von einem alten Ehepaar geführt wurde – sie rührte den Teig und wirbelte die Pfannkuchen durch die Luft, er stand am Tresen und betrieb derweil Konversation.

Das heißt, er versuchte es, denn das war gar nicht so einfach. Schnell stellte sich heraus, dass wir offensichtlich keine gemeinsame Sprache besaßen – nicht Deutsch, nicht Englisch, nicht Hebräisch und schon gar nicht Arabisch. Bis der Pfannkuchen-Mann fragte: »Sprechen Se Jiddisch?«

Sprechen wäre wohl geprahlt gewesen, aber verstehen und sich einigermaßen verständlich machen, das stellte keine Schwierigkeit dar. Als Korrespondent in Kairo hörte ich ohnehin ab und zu den jiddischen Dienst von Radio Israel, und im Allgemeinen konnte ich mir stets zusammenreimen, wovon ungefähr die Rede war. Manchmal freilich gab mir der Sender Rätsel auf, wie an jenem Tag, als er meldete, dass der damalige israelische Ministerpräsident Menachem Begin eine Militäreinheit besucht hatte, »wo er hat geschmust mit de Soldaten«.

Man sollte an dieser Stelle erklärend einfügen, dass man zu dieser Zeit noch nicht so selbstverständlich mit Homosexualität umging wie heute. Darüber hinaus war der kleingewachsene ältere Herr Begin mit seiner dicken Hornbrille alles andere als ein Poster Boy für die Schwulenbewegung. Erst viel später lernte ich, dass »schmusen« im Jiddischen nicht knutschen bedeutet, sondern einfach reden.

Abgesehen von solchen Irrtümern stellt Jiddisch keine unüberwindbare Hürde für Deutschsprechende dar. Schließlich entstand diese gemeinsame Sprache der europäischen Juden im elften Jahrhundert in deutschen Städten und auf der Grundlage des Mittelhochdeutschen. Mehr als drei Viertel des jiddischen Wortschatzes sind deutsch, der Rest kommt aus dem Hebräischen. Satzbau und Grammatik sind von slawischen Sprachen wie Polnisch und Russisch beeinflusst.

»Kniehoysen« war das erste jiddische Wort, das nach heutigem Erkenntnisstand je niedergeschrieben wurde – in hebräischen Buchstaben übrigens, denn Jiddisch wird bis heute nach diesem Alphabet geschrieben. Diese Kniehosen fanden sich am Seitenrand einer Talmud-Ausgabe, und notiert hatte sie der Weinhändler und Rabbiner Solomon ben Isaak aus der französischen Stadt Troyes – im Jahre 1272. Lange Zeit bezeichneten die Juden ihre Sprache entweder als »mame loshn« – wörtlich: Mamas Sprache. Das klingt viel zärtlicher und liebevoller als das harte deutsche Wort »Muttersprache«. Oder sie sprachen ganz eindeutig von »loshn Ashkenaz«, der Sprache der Deutschen.

Dass die Sprache in unseren Ohren gleichwohl ein wenig merkwürdig klingt, liegt daran, dass uns auch Mittelhochdeutsch fremd vorkäme. Denn während sich das Deutsche im Laufe der Jahrhunderte ständig verändert hat, blieb das Jiddische, wie eingeschweißt in eine Bernsteinträne, unverändert. Bewegt hatten sich nur die Sprecher. Als Mitte des 13. Jahrhunderts infolge der Pest, für die man vielerorts die Juden verantwortlich machte, die Pogrome unerträglich wurden, flüchteten ganze jüdische Gemeinden geschlossen nach Osteuropa. Die jiddische Sprache wurde forthin zur Heimat eines Volkes, das in der ganzen Welt verstreut lebte und kein eigenes Vaterland besaß. Zu Hause waren die Juden im Jiddischen, nicht zuletzt auch deshalb, weil diese Sprache besser als alle anderen Trauer, Lebensklugheit und Mutterwitz dieses Volkes wiedergeben konnte.

Gleichzeitig entwickelte sich Jiddisch zu einer Weltsprache, die auf fünf Kontinenten gesprochen wurde. Jiddisch war, wie es Aaron Lansky vom einzigen National Yiddish Book Centre in Massachusetts formulierte, das Idiom, »das den Juden half, die moderne Welt zu verstehen«.

Dass Jiddisch eine städtische Sprache ist, merkt man daran, dass sein Wortschatz erstaunlich bescheiden ist, wenn es gilt, Naturphänomene zu beschreiben. So findet man beispielsweise gerade mal drei Blumennamen: »margeritke«, »rojs« und »bes« – Margerite, Rose und Flieder. Alles andere läuft schlicht unter der Bezeichnung Blume.

Dafür sprudelt das Jiddische geradezu über, wenn es menschliche Eigenschaften, Wesensarten oder Charakterzüge beschreiben will – ein Indiz für die hervorragende Beobachtungsgabe und Menschenkenntnis seiner Sprecher. Der Schriftsteller Isaak Baschevis Singer hat einmal aufgeschrieben, auf wie viele verschiedene Arten ein mittelloser Mensch auf Jiddisch beschrieben werden kann: »Ein armer Schlemihl, ein bettelndes Schlamassel, ein Armer mit Grübchen, ein achtfach multiplizierter Schnorrer, ein Schlepper von Gottes Gnaden, ein Almosensammler ohne Auftrag, ein Delegierter aus dem Heiligen Land, gehüllt in die sieben Gewänder der Armut, ein Krümelfänger, ein Knochenzuzler, ein Tellerlecker, einer, der das Jom-Kippur-Fasten täglich einhält.« Wie kümmerlich wirken da im Vergleich der deutsche Habenichts oder die arme Kirchenmaus?

Fast zehn Millionen Muttersprachler des Jiddischen gab es bis in die erste Hälfte des 20. Jahrhunderts noch in aller Welt – von Los Angeles und New York über London und Amsterdam bis nach Kairo und Jerusalem, von Warschau und Moskau bis nach Birobidschan an der Grenze von Russland und China. Letzteres war eine sogenannte autonome Sowjetrepublik, die auf Geheiß von Kreml-Tyrann Josef Stalin als Heimstatt und Gegenentwurf zu Israel geschaffen worden war und in der Jiddisch, nicht Hebräisch die Amtssprache war.

Weltweit gab es jiddische Zeitungen und Filme, jiddische Theater und jiddische Romane. Vor Ausbruch des Ersten Weltkrieges hatten New Yorks jiddische Zeitungen eine Gesamtauflage von 650 000 Exemplaren täglich. Das Welt-Musical »Anatevka«, das die Geschichte von »Tevje dem Milchmann« erzählt, erblickte als Roman des jiddisch schreibenden Autors Scholem Alejchem das Licht der Welt. Mit dem Schriftsteller Isaac Bashevis Singer hat Jiddisch als Literatursprache sogar seinen eigenen Nobelpreisträger.

All dieser geistige und seelische Reichtum wurde in den Vernichtungslagern des Nationalsozialismus zerstört. Heute sprechen nur noch drei Millionen Menschen Jiddisch, die meisten von ihnen sind orthodoxe Juden, die sich nie mit der Tatsache abgefunden haben, dass das moderne Israel Hebräisch als Amts- und Umgangssprache gewählt hat. Für strenggläubige Juden ist Hebräisch heilig. Sie zu benutzen, um Fisch zu kaufen oder mit der Frau zu streiten, wäre Blasphemie.

Der Volksmund behauptet, dass Gott selbst auch nur am Sabbat Hebräisch spreche; unter der Woche rede er selbstverständlich Jiddisch. Theodor Herzl, der Begründer des Zionismus, fand einen noch eingängigeren Vergleich: »Hebräisch zu sprechen«, so schrieb er, »ist wie auf einem edlen Pferd zu reiten: anfangs sehr anregend, dann ziemlich unbequem und letztlich eine Qual. Jiddisch zu sprechen heißt, von diesem Pferd abzusteigen und wieder auf seinen eigenen zwei Beinen zu stehen: Welche Wonne.«

Wenn es die deutsche Sprache war, die die jiddische auf den Weg gebracht hat, so hat Jiddisch im Gegenzug die deutsche Sprache ungemein bereichert. (Nach der Massenemigration vor allem polnischer und russischer Juden in die USA in der zweiten Hälfte des 19. Jahrhunderts fanden viele jiddische und damit letztlich auch deutsche Ausdrücke ihren Weg ins amerikanische Englisch, wo sie unter anderem von den Helden der Filme Woody Allens popularisiert wurden.)

Mehr als 1100 jiddische Lehnwörter zählt der Duden im Deutschen, und viele sind weder auf den ersten noch auf den zweiten Blick als Fremdkörper zu identifizieren. Was klänge deutscher, als zu sagen, dass einen das Krafttraining ganz schön »geschlaucht« habe und dass der betuchte Freund Franz ganz schön »ausgekocht« gewesen sei, weil er sich vor dem Workout gedrückt habe. Manchmal finde man sein »großkotziges« Verhalten ganz schön, nennen wir das Kind beim Namen, »zum Kotzen«. Aber leider, leider müsse man sich ja »einschleimen« bei ihm, weil man großen »Bammel« vor ihm habe.

Gehen wir diese vermeintlich urdeutschen Wörter einmal der Reihe nach durch. Welches Bild haben wir im Kopf, wenn wir an »geschlaucht« denken? Richtig, das eines sich schlapp im Grase kringelnden Wasserschlauches. Aber Hand aufs Herz: Als Vergleich für körperliche Erschöpfung ist dies doch ein ziemlich weit hergeholtes, um nicht zu sagen dämliches Bild. Tatsächlich verbirgt sich dahinter auch das hebräische Wort »schlachta« – was so viel heißt wie »zu Boden werfen«. Und das kommt dem Gefühl des Geschlauchtseins schon wesentlich näher.

Tragen »betuchte« Leute tatsächlich nur feine Klamotten? Und wenn das früher vielleicht so war, warum bezog man ihren Reichtum auf die Kleidung und nicht auf den Schmuck, den sie mit Sicherheit ostentativ zur Schau stellten? Die Antwort: Man tat es gar nicht, denn das »tuch« in »betucht« geht auf »batuach« zurück – hebräisch für eine vertrauenswürdige Person, die gar nicht reich sein muss.

Und was stellen wir uns vor, wenn wir jemanden als »ausgekocht« bezeichnen? Dass er so lange in brühendem Wasser gekocht wurde, bis er ... Ja, was denn eigentlich? Bis er jeden Geschmack, jede Form und jeden Nährwert verloren hatte? Das aber wäre doch alles andere als ausgekocht im Sinne von klug oder gar gerissen. Im Hebräischen freilich ergibt das Wort mehr Sinn, schließlich heißt »klug« in dieser Sprache »chacham« – versehen mit der deutschen Vorsilbe »ausge-« ergibt es »ausgekocht«.

Mit dem unschönen Vorgang des explosiven Ausscheidens soeben genossener Nahrung hat »großkotzig« nichts zu tun – obwohl sowohl dieses Wort als auch das vermeintlich deutsche Kotzen hebräischen Ursprungs sind. »Qoz« bedeutet »der Ekel« auf Hebräisch, doch im großspurigen Auftreten eines arroganten Snobs steckt in erster Linie »kozin« – vornehm oder reich.

Einschleimen sollte man sich nie bei solchen Leuten, ganz abgesehen davon, dass sie zuerst selbst etwas Gutes für einen getan haben müssten. Denn »schelem«, die Wurzel für das Wort schleimen, bedeutet »danken« – und dies setzt eine geleistete gute Tat voraus.

»Der Bammel« schließlich, der ja eine leichte Form der Furcht beschreibt, hat einen dramatischen Bedeutungsschwund erfahren: Ursprünglich nämlich bezeichnete das Wort nackten Terror: »ema«, die Furcht, vor »baal«, dem Herrn, einer grauenvollen phönizischen Gottheit, die Menschenopfer verlangte. Unser heutiger

Ausdruck »ganz schön Bammel haben« dürfte den wahren Gefühlen dieser zum Tode geweihten Unglücklichen nicht mal ansatzweise nahegekommen sein.

Wie man sieht, wäre die deutsche Sprache wesentlich ärmer ohne den Reichtum jiddischer Lehnwörter. Sie sind so sehr Bestandteil unserer Umgangssprache geworden, dass selbst die antisemitische nazistische Mörderbande frohgemut jiddisch daherplapperte. Auch Hitlers Reden waren gespickt mit jiddischen Ausdrücken.

Noch ein paar Beispiele gefällig?

Wer »Massel« hat, der hat Glück, der »Schlamassel« hingegen ist schlechtes Glück, und das sollte man meiden, ebenso wie gewisse Mitglieder der eigenen erweiterten Familie, abschätzig auch gerne Mischpoke (Geschlecht, Verwandtschaft, Familie) genannt. So mancher Onkel und manche Tante sind einfach »meschugge« (verrückt), da nützt es auch nichts, wenn man mal »Tacheles« (»tachlit« = zweckmäßig) mit ihnen redet – denn da kommt sowieso nichts anderes raus als »Stuss« (»schetut« = Narrheit), wenn nicht sogar gleich »Zoff« (»sa'af« = Zank). Sollte man vielleicht den »Ganoven« (»ganev« = der Dieb) »Hals und Beinbruch« (»hasloche u wroche« = Erfolg und Segen) wünschen, die mit heftigem »Geschacher« (»sakar« = handeln) einen »Reibach« (»rewach« = der Zins) gemacht haben und so der »Pleite« (»pleto« = Flucht) entkommen sind? »Pustekuchen« (»pochem« = weniger + »kochem« = schlau) – kommt gar nicht in Frage, auch wenn das vielleicht »schofel« (»safal« = schäbig) wirkt.

Der Vollständigkeit halber sei hier kurz eingefügt, dass es für das schöne Wort »Pustekuchen« eine alternative Etymologie gibt, die fast noch schöner ist als die jiddische Herleitung. Demnach geht die Wendung auf einen gewissen Johann Friedrich Wilhelm Pustkuchen zurück, der sich über die unsittlichen und jugendgefährdenden Romane des jungen Goethe entrüstete. Das hinderte ihn nicht daran, sich an Goethes Bestseller »Wilhelm Meisters Lehrjahre« dranzuhängen und ihn – freilich sehr viel sittenstrenger – weiterzuspinnen. Heute würde man Pustkuchens Bücher »Wilhelm Meisters Wanderjahre« und »Wilhelm Meisters Meisterjahre« ein Sequel nennen. Goethe freilich war alles andere als erbaut und verspottete den Kritiker und Konkurrenten erbarmungslos. Nach deftigen Ausdrücken musste der spätere Dichterfürst gar nicht lange suchen: Der Nachname Pustkuchens war kaum zu übertreffen.

Zurück zum Jiddischen: Auch manche Redewendungen, die wir gedankenlos benutzen und die eigentlich keinen Sinn ergeben, erschließen sich, wenn man sie ins Jiddische zurückverfolgt. Der »gute Rutsch« ins Neue Jahr etwa wird auch dann gewünscht, wenn am Silvesterabend die Straßen nicht eisglatt sind. Tatsächlich geht der Wunsch auf das jüdische Neujahr zurück, das »rosch haschana« heißt – wörtlich: Anfang des Jahres.

Der jiddische Neujahrsgruß indes lautet »schana towa« – »ein gutes Jahr«, und hier entdecken wir einen anderen alten und anscheinend erzdeutschen Bekannten: »towa«. Wenn ein Berliner etwas super findet, dann sagt er mitunter, es sei dufte – von »toft« = gut. Das Gegenteil wäre, wenn etwas »mies« ist, und auch dieser Ausdruck kam über das Jiddische ins Deutsche: vom hebräischen Wort »mis« = ekelhaft, schlecht.

»Mach doch die Türe zu, hier zieht es ja wie Hecht-suppe!« Gibt es eine dümmere Redewendung in unserer Sprache? Gut, es gibt Rezepte für Suppen aus Hechten – mit Spargel oder mit Klößchen. Aber nirgendwo steht geschrieben, dass man den Fisch oder den Sud mit einem scharfen Luftzug aufpeppen soll. Tatsächlich scheint der Ausdruck – hundertprozentig ist das nicht geklärt – von den hebräischen Wörtern »hech supha« zu kommen. Sie bedeuten Sturmwind, und da kommen wir dem kalten Hauch durch die geöffnete Tür schon näher.

Wenn man bedenkt, was für eine internationale Sprache das Jiddische war, so überrascht es, dass die Juden es nicht zur Amtssprache machten, als sie in Palästina zum ersten Mal seit 2000 Jahren wieder einen eigenen Staat erhielten. Stattdessen entschieden sich die Pioniere für Hebräisch, ein Idiom, das umgangssprachlich ebenfalls zuletzt vor 2000 Jahren gesprochen wurde.

Es gab nicht wenige Beobachter damals, die wegen dieser Entscheidung verständnislos den Kopf schüttelten. Noch nie zuvor war eine tote Sprache erfolgreich wiederbelebt worden. Das ist ungefähr so, als ob die unabhängige Republik Mexiko die Azteken-Sprache Nahuatl reanimiert hätte oder sich die Schweiz nicht nur einen lateinischen Namen gegeben hätte – Confoederatio Helvetica –, sondern den Deutschen, Italienern, Franzosen und Rätoromanen Lateinisch auch als Amtssprache aufgebrummt hätte.

Dass die Israelis heute hebräisch sprechen, ist im Wesentlichen das Verdienst – oder die Schuld – eines einzigen Mannes, der in Israel entsprechend hochverehrt wird: Eliezer Ben-Jehuda. Wenn die These stimmt, dass Genie und Wahnsinn nahe beieinanderliegen, so trifft sie auf kaum jemanden besser zu als auf diesen schmächtigen Privatgelehrten, der 1885 als Eliezer Perlman im damaligen russischen Litauen zur Welt kam. Schon als Kind war er fasziniert von der alten Sprache gewesen, die fast ausschließlich – ähnlich dem Lateinischen in katholischen Gottesdiensten – in religiösem Zusammenhang gebraucht wurde. Als Jugendlicher begeisterte sich Perlman für den Gedanken des Zionismus, der die Juden aus ihrer weltweiten Diaspora wieder in das Heilige Land, nach Jerusalem zurückführen wollte. Anders als andere frühe Zionisten aber war er davon überzeugt, dass in diesem neuen Land die alte Sprache gesprochen werden sollte.

Es erübrigt sich zu sagen, dass seine Umwelt ihn für völlig verrückt hielt. Daran änderte sich auch nichts, als er 1881 mit seiner Braut Deborah nach Palästina auswanderte. Dort warf er seinen russischen Pass weg, besorgte sich von den osmanischen Behörden auf undurchsichtige Weise eine neue Geburtsurkunde, die auswies, dass er im Gelobten Land zur Welt gekommen war, gab sich den Namen Ben-Jehuda und sprach von Stund an nur noch Hebräisch.

Lange Zeit muss dies eine wortkarge Existenz gewesen sein. Das fing schon in seinen eigenen vier Wänden an, da Deborah nur ein paar Brocken Hebräisch konnte. Das nächste Problem bestand darin, dass dieser Sprache alle Begriffe des modernen Lebens fehlten. Wenn Ben-Jehuda seine Frau um eine Tasse Kaffee mit Zucker bat, dann war dies nach den Erinnerungen von Augenzeugen eine Mischung aus Zeichensprache und Rudimentär-Wortschatz: »Nimm das und tue das und bring mir das, und dann trinke ich.«

Diesem Mangel an passenden Wörtern freilich half Ben-Jehuda eigenhändig ab. Bis zu seinem Tod im Jahr 1922 erstellte er im Alleingang das erste hebräische Wörterbuch der Welt: 8000 Seiten in 17 Bänden. Was Chaucer, die King-James-Bibel und Shakespeare für das Englische und Martin Luther für das Deutsche geleistet hatten, das tat Ben-Jehuda für die neue alte Sprache seines alten neuen Landes: Er erfand Tausende neuer Wörter, die überwiegend in die Alltagssprache eingegangen sind.

Sein erstes Wort war »milon«, das Wörterbuch, um zu beschreiben, was er sich vorgenommen hatte. Aus dem hebräischen Verb »zamer« = singen formte er zum Beispiel das Wort für Orchester – »tizmaret«. Die Verkehrsampel ist eine Kombination aus Winken und Licht. Andere Wörter wie jene für Banane, Tomate, Bier oder Wolldecke griff er sich einfach aus der Luft; wieder andere entlehnte er der Babysprache seines Erstgeboren Itamar.

Der Junge war der erste Jude seit der Vertreibung des jüdischen Volkes durch die Römer, der mit Hebräisch als Muttersprache aufwuchs. Genau gesagt war es eher die Vatersprache, da Mutter Deborah aufgrund mangelnder Hebräisch-Kenntnisse ihren Sohn meist anschweigen musste. Und Vater Eliezer war peinlich genau darauf bedacht, dass der Junge keine anderen Laute als hebräische zu hören bekam.

So besessen war er von seinem Projekt, dass er – bei seiner Frau hatten bereits die Wehen eingesetzt – an der Haustür potentielle Hebammen ad hoc einem kurzen Sprachtest unterzog, bevor er sie später an das neugeborene Baby heranließ. Itamar wuchs ohne Spielkameraden auf, ohne Schlaflieder oder Märchen. Die einen sprachen seine Sprache nicht, und die anderen gab es nicht in hebräischer Übersetzung. Zum Ausgleich stand sein Vater abends an seinem Bett und las ihm aus der Bibel vor. Kein Wunder, dass Itamar unter diesen Umständen sein erstes Wort erst im Alter von drei Jahren sprach. Immerhin war es, fraglos zur großen Erleichterung seines Vaters, ein hebräisches Wort.

Indirekt beeinflusste europäisches, jiddisches Denken das neue Hebräisch aber trotzdem. Die ersten Generationen der Siedler in Palästina kamen aus Europa und waren direkt oder indirekt von jiddischer Kultur geprägt. In manchen Fällen lässt sich das sogar an konkreten Beispielen belegen. Das von Ben-Jehuda erfundene hebräische Wort für eine Versammlung, eine Unterredung ist »kumsitz« – eine Zusammenziehung der beiden jiddischen Wörter »kum« und »sitz«: Komm her und setz dich hin.

Heute zweifelt niemand mehr daran, dass die Wiederbelebung des Hebräischen in Israel ein voller Erfolg war. Da Sprachen aber Denken und Handeln ihrer Sprecher beeinflussen können, fragen sich manche, ob die Geschichte Israels nicht anders verlaufen wäre, wenn der neue Staat sich damals für das weichere, verbindlichere Jiddisch anstelle des alttestamentarisch kantigen Hebräisch als Amtssprache entschieden hätte.

Der kanadische Sprachforscher Mark Abley zitiert in seinem Buch »Spoken Here« einen Rabbi Gershom aus dem mittleren Westen der Vereinigten Staaten, der sich Gedanken über diese Frage gemacht hat.

»Hebräisch ist eine härtere, abruptere Sprache. Sie fühlt sich nicht so an wie Jiddisch. Tatsächlich bin ich schon lange davon überzeugt, dass sich das ganze Land anders anfühlen würde, wenn Jiddisch und nicht Hebräisch die nationale Sprache wäre. Die Gründer des Staates Israel wollten zurückkehren zum militanteren Hebräisch eines Königs David. Doch damit gingen die weicheren, sanfteren, gewaltlosen Aspekte des Jüdischseins in Israel verloren.« Die Verteidiger des Hebräischen freilich drehen dieses Argument um. Für sie war Jiddisch stets die Sprache des Schtetls, der Gettos und der Pogrome, der Unterdrückung und der Verfolgung. Davor waren sie ins Gelobte Land geflüchtet, und genau deshalb wollten sie die Erinnerungen daran nicht in ihre neue Heimat mitnehmen.

Bambule in der Furzmolle:
Das geheimnisvolle Rotwelsch

Meine Tochter Victoria spricht zwar Deutsch, hat aber noch nie in ihrem Leben in Deutschland gelebt, sondern meistens in Ländern, in denen Englisch gesprochen wird. Zu ihrer Muttersprache, die sie dezidiert weniger cool findet, hat sie daher stets ein etwas distanziertes Verhältnis gehabt. Mit einer Ausnahme: Wenn sie nicht wollte, dass ihre amerikanischen oder britischen Freundinnen sie verstehen, wechselte sie im Gespräch mit ihren Eltern ins Deutsche, das damit unversehens zu einer Geheimsprache wurde.

Kinder und Jugendliche lieben solche Geheimsprachen. Die Schülersprache Grüfnisch, bei der die Vokale wie a, e, i oder o zu »anafa«, »enefe«, »inifi« und »onofo« verlängert werden, ist mittlerweile aus der Schweiz nach Deutschland gesickert. Auch in anderen Ländern entwickeln Schüler meist kurzlebige Spielsprachen, um ihre Geheimnisse vor Eltern und Lehrern geheim zu halten.

Eine andere umfangreiche Personengruppe, die gerne unerkannt parlieren möchte, sind Kriminelle. Auch sie haben daher im Laufe der Geschichte eigene Idiome entwickelt, die sie dazu nutzen, ihre Raubzüge praktisch in aller Öffentlichkeit, ja in Hörweite der Polizei planen zu können. Im Französischen war dies der Argot, dem Victor Hugo in seinem Roman »Les Miserables« ein Denkmal gesetzt hat, und im Englischen der Cockney Rhyming Slang aus dem Londoner East End.

Deutsche Räuber, Wegelagerer und Taschendiebe hatten spätestens seit dem 16. Jahrhundert ihren eigenen Geheimcode: das Rotwelsch. Es ist eine Sprache, die so voller Saft und Kraft und Ausdrucksstärke ist, dass sie die Jugendsprachen jeder Generation spielend in den Schatten stellt. Der Beweis? In der deutschen Hochsprache wimmelt es von rotwelschen Ausdrücken, die sich teils schon vor Jahrhunderten eingeschlichen haben.

Schriftlich wurde Rotwelsch erstmals im »Liber vagatorum«, einem Buch des fahrenden Volkes, Anfang des 16. Jahrhunderts festgehalten. Dieses Wörterbuch sollte es ehrlichen Leuten erlauben, die Sprache des Diebesvolkes zu erlernen und sich so vor unliebsamen Überfällen zu schützen. Denselben Zweck verfolgte eine 1775 herausgegebene »Rotwelsche Grammatik und Sprachkunst«, in der es hieß: »Das ist Anweisung, wie man diese Sprache in wenig Stunden erlernen, reden und verstehen möge. Absonderlich denjenigen zum Nutzen und Vortheil, die sich auf Reisen in Wirtshäusern und anderen Gesellschafften befinden, das daselbst einschleichende Spitzbuben-Gesindel, die sich dieser Sprache befleissigen, zu erkennen, um ihren diebischen Anschlägen dadurch zu entgehen.«

Die meisten Ausdrücke drehen sich, logisch bei einer Banditensprache, um Geld, Gefängnis, Polizei und Ordnungsmacht. »Moos«, »Kies« und »Zaster« beispielsweise haben alle ihren Ursprung im Rotwelschen, wobei der Zaster den ältesten Stammbaum hat. Er geht aufs altindische Sanskrit und das Wort »sastra« = Eisen zurück. Die Wege vom alten Indien ins moderne Umgangsdeutsch sind so verschlungen nicht. Viele rotwelsche Ausdrücke stammen aus der Roma-Sprache, und Europas fahrendes Volk kam ursprünglich vom Subkontinent. Das »Kaff«, in dem man nicht begraben sein möchte, leitet sich ebenfalls von einem Roma-Wort, nämlich »gaw« ab, das Dorf bedeutet. Und die Kaschemme begann ihr Dasein als »katsma«, das Wirtshaus.

Diese neugewonnenen Erkenntnisse helfen uns auch beim Enträtseln merkwürdiger Redensarten. Wer ist eigentlich dieser »Oskar«, der immer so unverschämt und frech daherkommt? Hat er gar etwas mit den Academy Awards zu tun, die Hollywood alljährlich an seine Besten verleiht? Nein, dieser Oskar kommt vom jiddischen »ossok«, das seinerseits auf der hebräischen Wurzel »oschek« beruht. Beides bedeutet, man hätte es sich fast denken können, frech. »Frech wie Oskar« ist daher eigentlich eine Tautologie, oder umgangssprachlich: doppelt gemoppelt.

Und was, bitte schön, türmen »Hochstapler« eigentlich auf? Lügen? Falsche Tatsachen? Doch mit Stapeln im Sinne von Gabelstaplern haben diese Herrschaften überhaupt nichts zu tun, wie Hansjörg Roth in seinem hervorragenden Handbuch »Rotwelsch für Anfänger« darlegt. Stapeln bedeutete vielmehr betteln und ging auf den Bettelstab zurück, an dem Leute ja bis heute im übertragenen Sinne gehen können, wenn auch niemand mehr konkret einen Stecken damit in Verbindung bringt. Hochstapler waren Bettler, die sich als etwas Besseres ausgaben, die »gefälschte Adelspatente zeigten und sich als Freimaurer, verunglückte Gelehrte, verarmte Kaufleute, entlassene Offiziere, Schauspieler und dergl. ausgaben«. Unter Bettlern stellten sie, so Roth, »die Crème de la Crème« dar.

Oder haben Sie sich nicht auch schon oft gewundert, wer dieser »Barthel« ist, »der weiß, wo es den Most zu holen gibt«? Damit wird im Allgemeinen jemand beschrieben, der mit allen Wassern gewaschen ist und alle Kniffe kennt. Ist der Barthel eine historische Figur? Oder handelt es sich um einen besonderen Apfelmost? Keines von beiden. Der Most ist das Moos im Sinne von Bargeld, und der Barthel ist ein verballhorntes »barsel«, das Brecheisen. Es geht also darum, mit der Brechstange an den Zaster zu gelangen.

Doch falls der Coup misslingt, ist plötzlich das Geld »alle«. Und wenn dann noch die »Polente« den Plan vorher »ausbaldowert« hat, kann es sein, dass sie feixend einen Gauner »alle macht« und die anderen ins »Kittchen« beziehungsweise in den »Knast« steckt. Da hilft es nicht, wenn man groß »herumseiert« oder irre »Bambule« macht; man hätte eben einen »Macker« »Schmiere stehen« lassen sollen.

Ja, wer hätte gedacht, dass er sich eines mittelalterlichen Diebesdialektes bedient, wenn er seinem Kind bedauernd mitteilt, dass die Schokolade leider »alle, alle« sei. Der Begriff scheint über das jiddische »alilo«, die böse Tat, ins Rotwelsche und schließlich ins Deutsche gelangt zu sein. Beim fahrenden Volk war es zunächst ein Synonym für verhaften. Wer in die Fänge der Polizei geriet, dem war etwas Böses geschehen, der war damit »alle gemacht« worden.

Hebräisch-Jiddisch stand auch Pate beim »Ausbaldowern«: »Baal«, der Herr, den wir schon beim »Bammel« kennengelernt haben, wird hier mit »davar«, die Sache, zusammengebracht. Wer etwas »ausbaldowert« hat, ist Herr der Sache und muss sich keine Sorgen mehr machen.

Den wohl dramatischsten Bedeutungswandel – nach unten – hat der Gauner durchlaufen. Er begann sein Leben als stolzer Ionier, also als Angehöriger jenes klassischen Griechenstammes, der rings ums Mittelmeer und ums Schwarze Meer so bedeutende Städte wie Marseille, Neapel, Warna, Trabzon und Suchumi gegründet und herausragende Gelehrte wie den Philosophen Heraklit und den Mathematiker Thales von Milet hervorgebracht hat. So wichtig waren diese Ionier, dass Türken, Araber und Perser mit ihrem Namen noch heute ganz Griechenland bezeichnen: »Yunan« bzw. »Yünanistan« ist Griechenland in ihren Sprachen.

Im Laufe der Geschichte spezialisierten sich einige dieser späteren Griechen auf zwielichtige Geschäfte, wobei an erster Stelle Mogeleien beim Karten- und Würfelspiel zu nennen wären. Ein solcher »Ganove« war also ein »Yawan«, wörtlich ein Grieche, der sich schließlich zum »Gauner« abschliff.

Das »Kittchen«, in das man solche Personen steckte, ist eine kleine Kitte, genauer gesagt ein kleines Haus. Der »Knast« war ursprünglich das Gegenteil einer Haftanstalt. Im Jiddischen war mit »knas« eine Geldstrafe gemeint.

Jiddischen Ursprungs sind auch das »seiern«, das »Schmiere stehen« und der »Macker«. »Gesera« bezeichnete ursprünglich eine amtliche Verordnung und wurde wohl abwertend als dummes Geschwätz, als »Geseiere« eben, abgetan. Dass Butter, Öl oder andere Fette in keinem ursächlichen Bezug zum Wachposten bei einem Banküberfall stehen, hätte man sich fast gedacht. Tatsächlich beschreibt das jiddische »schmiro« genau das, was »Schmiere stehen« bedeutet: Wache halten. Dem »Macker« wiederum liegt der »makor« zugrunde, der gute alte Bekannte.

Bei der »Bambule« indes hat sich das Rotwelsche auf dem Umweg über das Französische bei einer westafrikanischen Sprache bedient, in der mit diesem Begriff eine Trommel bezeichnet wurde. Mit ihr ließ sich wohl derart viel Krach erzeugen, dass man ordentlich »Bambule« machen konnte.

Egal ob wir »beschickert« sind oder »kess« (im Stehlen erfahren), ob wir »Kohldampf« (Roma: »kalo« = arm und »dampf« = Hunger) schieben oder jemanden zur »Minna« machen (»inna« = Leiden, Qual) – wir reden in der alten Gaunersprache. Schade ist eigentlich nur, dass nicht noch mehr Ausdrücke ihren Weg ins Hochdeutsche gefunden haben. Unsere Sprache wäre durch viele dieser eingängigen, anschaulichen und prägnanten Begriffe eindeutig reicher geworden.

Der »Doppelscheinling« etwa ist die Brille, und ein Ehering heißt, wie sonst?, das »Fangeisen«. Jäger werden verächtlich »Heckenscheißer« genannt, Kaufleute sind »Heringsbändiger«, und der Schornstein ist ein »Hohlarsch«. Soldaten und Schutzleute tragen eine »Gewittertulpe« auf dem Kopf, sprich: einen Helm. Und wer sich ins Bett legt, der räkelt sich – treffend beobachtet – in einer »Furzmolle«.

Ein wenig um die Ecke gedacht ist der »Bauerndegen«, der für die unscheinbare Bohne steht. Als ersten Schritt muss man sich vergegenwärtigen, welche körperlichen Konsequenzen der Genuss von schmackhaften Bohnengerichten hat. Dann muss man sich ausmalen, wie streng die derart erzeugten »Gase« ungepflegter Landbewohner gerochen haben mögen. Nun erschließt sich, dass diese Ausdünstungen die einzige Waffe des armen Bauern sind. Heute würde man freilich eher von chemischen Waffen sprechen als von einem Degen.

Gott und die Welt:
Religiöses

Wladimir Iljitsch Lenin hätte gar keine Revolution in seiner russischen Heimat lostreten müssen, um als bekannte Persönlichkeit in die Geschichte einzugehen. Er wäre wahrscheinlich der Nachwelt schon allein wegen einiger seiner legendären Aussprüche im Gedächtnis geblieben. Viele von Lenins Äußerungen zeugen von erstaunlich scharfer Beobachtungsgabe und sind daher nicht von ungefähr zu geflügelten Worten geworden. Dass die Kapitalisten ihren Henkern selbst den Strick verkaufen würden, an denen man sie dereinst aufknüpfen würde, ist eine von Lenins Lebensweisheiten, die vielfach vom Leben bestätigt wurden. Und sein Stoßseufzer »Was tun?« wird abermillionenfach täglich in aller Welt wiederholt. Ähnlich wie seinerzeit Lenins Sowjetrepubliken finden auch gewöhnliche Sterbliche selten eine Antwort auf diese tiefgreifende Frage.

Kein anderer Slogan ist aber tiefer in die Umgangssprache eingedrungen als die Erkenntnis, dass »Religion Opium für das Volk« sei. Zugegeben, es war nicht Lenin, der als Erster dieses Bild prägte, sondern sein vollbärtiger Vordenker Karl Marx, der geradezu lyrisch-romantisch von der Religion als dem »Seufzer der bedrängten Kreatur, (dem) Gemüth einer herzlosen Welt« fabuliert hatte. Marx freilich nannte die Religion »Opium des Volkes« – was semantisch ein kleiner, aber deutlicher Unterschied ist. Denn für Marx ging damit der Glaube an ein Jenseits und an höhere, verehrungswürdige Wesen aus dem Volk selbst hervor. Lenin andererseits sah die Religion als eine Droge, die die kapitalistischen Machthaber den geknechteten Bauern und Arbeitern wider deren Willen verabreichten.

»Wer von fremder Hände Arbeit lebt«, so polterte Lenin, »dem verkauft die Religion zu billigen Preisen Eintrittskarten zur himmlischen Seligkeit.« Das Volk hingegen werde mit dummem Gerede abgefüllt. Als Russe mit einschlägigen Erfahrungen mit hochprozentigen Alltagsdrogen spann Lenin den Vergleich gleich noch weiter: »Die Religion«, so schrieb er, »ist eine Art geistigen Fusels, in dem die Sklaven des Kapitals ihr Menschenantlitz, ihren Anspruch auf ein auch nur halbwegs menschenwürdiges Dasein ersäufen.«

Lenin schickte sich an, sein Volk von der Droge Religion zu entwöhnen. Kirchen wurden geschlossen, Klöster aufgelöst, Pfarrer in Lager gesteckt oder ermordet. Und wo einst in der Wohnzimmerecke Heiligenbilder und Kruzifixe standen, da hingen nun Ikonen mit den Bildnissen der neuen Machthaber. Die Frömmelei, so freuten sich die Schergen des Kremls schon bald, sei auf ein paar alte Mütterchen beschränkt. Sie werde mit ihnen ins Grab sinken. Doch merkwürdigerweise wuchsen jedes Jahr neue Generationen alter Mütterchen und Babuschkas nach, die sich fromm bekreuzigten und beteten. Das ging so lange, bis Lenins Opium nach dem Ende des kommunistischen Alptraums wieder frei erhältlich war.

Kleiner Exkurs

Eine besonders perfide Strafe hat sich der in Ost-Sibirien verehrte Gott Albastor für jene Missetäter ausgedacht, die es mit dem Sex ein wenig übertreiben. Er gibt ihnen einen derart gesteigerten Sexualtrieb, dass sie schließlich an Erschöpfung sterben. Nun, es gibt schlimmere Tode, und Albastor würde sich als Schutzheiliger des Pharmakonzerns Pfizer eignen: für Viagra.

Lenin und seine Nachfolger – in der Sowjetunion und anderswo – demonstrierten freilich nur, wie wenig sie von menschlichem Verhalten verstanden. Denn Menschen haben sich zu allen Zeiten mit Rauschmitteln zugedröhnt – mit seelischen ebenso wie mit körperlichen. Man wird zwar nie die Identität jenes frühen Hominiden kennen, der als Erster feststellte, dass der Genuss gärender Früchte ein wohliges Gefühl hervorrief, das den grässlichen Alltag mit Raubtieren und Hunger zumindest zeitweise vergessen ließ. Aber es kann als gesichert gelten, dass dieser Mensch sehr populär gewesen sein muss bei den anderen Männern und Frauen im Stamm.

Während Alkohol und verwandte Mittel die kleinen Fluchten aus dem Alltag beförderten, war Religion die Droge für das große Verdrängen. Von Anfang an dürfte es eine enge Wechselbeziehung zwischen beiden Halluzinogenen gegeben haben. Schließlich gibt es eine direkte Linie von frühen Schamanen, die bei ihren Ritualen stimulierende Kräuter verbrannten, zu den modernen Messdienern, die auf Geheiß des Priesters beim katholischen Hochamt das Weihrauchgefäß schwingen.

Manche Gottheiten wiederum lassen sich nur so erklären, dass ihre menschlichen Schöpfer etwas geraucht haben müssen, um ein Wesen zu erfinden wie beispielsweise Nainuema, einen von einem Indianerstamm in Südamerika verehrten Schöpfergott: Zunächst schuf er die Erde mit keinem anderen Hilfsmittel als seiner eigenen Phantasie, worauf ihm nichts Besseres einfiel, als so lange auf ihr herumzutrampeln, bis sie flach war. Dann machte er sich daran, den Dschungel und alles, was in ihm lebte, zu formen – aus seiner Spucke.

Noch stärker muss das Kraut gewesen sein, dass jener Inder inhalierte, der sich den elefantenköpfigen Gott Ganesha ausgedacht hatte. Es fing schon damit an, dass ihn seine Mutter nicht auf natürlichem Weg zur Welt brachte, sondern aus abgestorbenen Schuppen ihrer Haut zusammenklebte. Offensichtlich hatte sie diese im Überfluss, denn der Sohn geriet ungewöhnlich kräftig, um nicht zu sagen adipös. Eines Tages trug ihm die Mutter auf, die Tür zu bewachen, weil sie ein Bad nehmen wollte. Der Junge nahm die Sache so ernst, dass er sogar seinem Vater Siva den Zutritt verwehrte. Vielleicht war er aber auch nur kurzsichtig, ein Leiden, das er in diesem Fall von seinem Erzeuger geerbt haben musste. Denn der Vater erkannte den Sohn nicht und schlug ihm den Kopf ab. Worauf die untröstliche Mutter gelobte, ihm einen neuen Kopf zu besorgen – vom ersten Lebewesen, das an der unglückseligen Tür vorbeigehen würde. In einem Land mit einer solch reichhaltigen Fauna war dies, gelinde gesagt, ein leichtfertiges Versprechen. So kam Ganesha zu seinem Elefantenkopf.

Kleiner Exkurs

Man würde es ja kaum glauben angesichts des Pathos von Wagner-Opern, aber unsere nordischen Vorfahren bewiesen bei der Bevölkerung ihres Götterhimmels ziemlich viel Witz. Da war zum Beispiel Ratatosk, ein Eichhörnchen, das in der Esche Yggdrasil, dem Weltenbaum, hauste. Seine Aufgabe bestand darin, als Bote zwischen der Wurzel, wo der Drache Nidhöggr lebte, und der Krone mit dem Götterreich Asgard hin und her zu wetzen. Doch Ratatosk hatte es faustdick hinter den Puschelohren und verfälschte schon mal gern die Nachrichten. Hätte der germanische Götterglaube bis in die Neuzeit überlebt, Ratatosk hätte einen guten Schutzpatron für die Presse abgegeben.

Eher ein – buchstäblich – fleischgewordener Obelix-Traum war der Eber Saehrimnir. Jeden Morgen erwachte er aufs Neue zum Leben, um von den Kriegern in Walhall gejagt, erlegt, gebraten und verspeist zu werden – ein Vorgang, der sich bis in alle Ewigkeit wiederholte. Damals schien sich noch niemand wegen einseitiger Ernährung Sorgen zu machen.

Der Glauben an übernatürliche Kräfte war für unsere Vorfahren zum einen notwendig, damit sie sich die geheimnisvolle Umwelt erklären konnten. Wir kaufen uns heute *Geo* oder *Bild der Wissenschaft*, wenn wir mal nicht weiterwissen, aber unsere Vorfahren mussten auf selbstgeschaffene Geister und Götter zurückgreifen, wenn sie sich zum Beispiel zusammenreimen wollten, warum die Sonne nicht nur nicht vom Himmel fiel, sondern regelmäßig jeden Tag aufs Neue wieder aufging.

Der zweite Anstoß zu dem, was wir heute religiöse Gefühle nennen, beruhte auf der allgemeinen und wahrscheinlich nur Menschen vorbehaltenen Frage, wenn sie auf ihr Leben zurückblicken: »Was, das soll schon alles gewesen sein?« Obwohl wir heute so lange leben wie nie ein Mensch in der Geschichte zuvor, wundern wir uns immer noch über die Schnelllebigkeit unseres Lebens. Für unsere Vorfahren muss sich diese Frage sehr viel krasser ausgenommen haben: Ihr Leben war kurz, hart und unangenehm. Mit Mitte zwanzig war es meist schon vorbei – beendet von einem Mammut oder einem Bären bei einer Jagdpartie, im Kindbett oder durch einen vereiterten Zahn.

Entsprechend große Bedeutung kam daher der Überlegung zu, ob das Leben in irgendeiner Form über die leblose Hülle hinaus fortgesetzt werden könnte. Und die Menschen beantworteten diese Frage in allen Kulturkreisen und zu allen Zeiten mit einem donnernden »Ja«. Begräbniskulte waren die frühesten Zeugen für dieses Denken: Schon die Neandertaler bestatteten ihre Toten mit ebenso viel Ehrerbietung wie Aufwand. »Männer und Frauen begannen mit der Verehrung von Göttern in dem Augenblick, in dem sie erkennbar menschlich wurden«, stellte die Exnonne und Religionswissenschaftlerin Karen Armstrong fest. »Sie schufen Religionen zur selben Zeit, in der sie Kunst zu schaffen begannen.« Homo sapiens war von Anbeginn auch Homo religiosus.

Kleiner Exkurs

Es ist nicht ganz klar, ob sich die Völker der Khoisan im Südwesten Afrikas lustig machen wollen über diese Götter, oder ob sie vor ihnen tatsächlich Angst haben. Denn eigentlich sind die Aigamuxa menschenfressende Monster, die in der Wüste Kalahari Hirten und Reisenden auflauern. Sie sehen zwar wie ziemlich groß geratene Menschen aus, haben jedoch eine Schwäche, die man fast im Wortsinne als ihre Achillesferse bezeichnen könnte. Denn ihre Augen befinden sich im Fußrücken. Deshalb müssen sie immer wieder stehen bleiben und das Bein heben, um zu sehen, wohin ihr Opfer gelaufen ist. Kein Wunder, dass sie als äußerst dumm gelten.

Und dieser religiöse Mensch schuf sich ein unendliches Pantheon, um nicht zu sagen Panoptikum großer und kleiner Götter. Diese drehten nach dem Glauben der Menschen gewaltige Räder wie den Lauf der Gestirne und der Jahreszeiten, sie regulierten Flüsse, Meere und den Regen, sie waren verantwortlich für absolute Lebensnotwendigkeiten wie die Jagd, die Ernte und das Feuer; aber sie kümmerten sich nicht minder zuverlässig um vermeintliche Belanglosigkeiten wie Bierbrauen, Bäume oder Bergriesen. Und manche erfüllten gar überhaupt keinen ersichtlichen Zweck: Der von den Korjaken auf Kamtschatka verehrte Schutzgeist Na'nqa-ka'le beispielsweise sitzt immer nur auf einem Platz und malt sich seinen Bauch an. Mehr tut er nicht, dennoch gilt er als stark und heroisch.

Götter sind schließlich auch nur Menschen

Das weist schon auf einen Vorteil des polytheistischen Systems hin: Götter mochten zwar mit übernatürlichen Fähigkeiten ausgestattet sein; gleichzeitig aber schrieb man ihnen menschliche Eigenarten zu. Wer sich an die Sagen des klassischen Altertums erinnert, der weiß, dass diese Eigenarten bei den Göttern des griechischen Olymp nur allzu menschlich waren und das ganze Spektrum von Eifersucht und Ehebruch über Lug und Trug bis hin zu Mord und Totschlag umfasste. Andere Kulturen schufen geradezu widerliche Miststücke wie etwa den litauischen Gott Aitvaras: Er bringt angeblich Glück ins Haus – indem er den Nachbarn beraubt. Als Gegenleistung reicht es ihm, wenn man ihm täglich ein Omelette auftischt. Wohlweislich vergisst er freilich zu erwähnen, dass er am Ende die Seele von allen raubt, von Nachbarn und beschenkten Glückskindern gleichermaßen.

Der zweite Vorteil des Polytheismus lag darin, dass ein solches Pantheon nach Belieben ausgebaut werden konnte. Hätte der Polytheismus in unseren Gesellschaften überlebt, so würde es sicher eigene Götter für Eisen- und für Autobahnen, für Stahlküchen und für Computerprogramme geben – und nicht nur kleine Christophorus-Anhänger am Autoschlüssel. Und dies führt uns zum dritten und wohl entscheidenden Vorteil: Polytheismus ist von Natur aus tolerant und offen. Nie hätten sich zwei Personen aus zwei unterschiedlichen religiösen Kulturkreisen die Köpfe über die Frage eingeschlagen, welcher ihrer beiden Waldgötter der bessere sei. Im Gegenteil: Im

Zweifel hätte man den Gott des anderen in die eigene Götterfamilie adoptiert.

Das alles änderte sich dramatisch mit dem Entstehen monotheistischer Religionen, in denen es nur noch einen einzigen Gott gab, der eifersüchtig und exklusiv darauf erpicht war, dass seine Anhänger nicht bei anderen Göttern fremdgingen. Judaismus, Christentum, Islam – sie alle tragen den als Ehrentitel empfundenen Namen einer Weltreligion. Obwohl im Laufe der Jahrhunderte zahllose Belege für das Gegenteil angehäuft wurden, gelten sie nach wie vor als höherstehende Glaubensrichtungen als etwa der vielgöttrige Hinduismus oder sogenannte einfache Naturreligionen.

Ein allmächtiger Gott steht gemeinhin für den Frieden in der Welt – doch seine Anhänger haben einander seit jeher in seinem Namen ermordet. Alle militanten Monotheisten behaupten, dass ihr Gott den Tod von Nichtgläubigen zwingend fordert – da sind sich die jüdischen Kämpfer des biblischen Königs David mit katholischen Konquistadoren in Mexiko und muslimischen Selbstmordattentätern in Pakistan einig.

Polytheistische Götter hingegen mögen einander zwar häufig prügeln (zuweilen schlagen sie sich, siehe den Trojanischen Krieg, auch mal auf die eine oder andere Seite in menschlichen Konflikten). Aber kein Grieche, Römer oder Germane hätte für Zeus, Neptun oder Odin einen Kampf vom Zaun gebrochen, geschweige denn sich selbst für sie in einem Anflug fanatischer Inbrunst als Märtyrer geopfert. In Aphrodite kann man sich verlieben, mit Pan kann man kumpelhaft einen heben, Hermes kann man möglicherweise sogar austricksen. Fanatismus erzeugen sie alle jedoch nicht.

Kleiner Exkurs

Genie, so beschied der amerikanische Erfinder Thomas Alpha Edison alle Zweifler, bestehe lediglich zu einem Prozent aus Inspiration, die restlichen 99 Prozent seien Perspiration. Nicht minder schweißtreibend ist das Werk von Dichtern – jedenfalls solange sie nicht von der Muse geküsst werden. Doch woraus besteht die Muse? Nun, nach nordisch-heidnischer Vorstellung gehören dazu Speichel und Blut. Aus Ersterem hatten die Götter Aesir und Vanir die Gottheit Kvasir geformt und ihr damit ihr kombiniertes Wissen mitgegeben. Kvasir aber wurde von Zwergen erschlagen – sehr göttlich kann er nicht gewesen sein –, die sein Blut vergoren und mit Honig versetzten. Aus diesem Met bezogen fortan alle Dichter ihre Inspiration.

»Die religiöse Intoleranz kam zwangsläufig mit dem Glauben an den einen Gott in die Welt«, hatte schon Sigmund Freud beobachtet. Und der angesehene Historiker Ramsay MacMullen beschrieb den Polytheismus als »schwammige Masse aus Toleranz und Tradition«: »Jedem stand es frei, sein eigenes Credo zu wählen, jeder, der sich an ein höheres Wesen wandte, konnte dazu einen Priester fragen oder einen Priester ignorieren.«

Freud und MacMullen waren nicht die Einzigen, die sich der Frage gestellt haben, ob die Welt nicht besser gefahren wäre mit einem religiösen System, wie es die ägyptische Hochkultur, die blühende griechische Zi-

vilisation oder das mächtige Römische Reich hervorgebracht haben. Das Werk des deutschen Ägyptolo-
gen und Kulturwissenschaftlers Jan Assmann beruht
ebenfalls im Wesentlichen auf dieser These. Möglich
wäre es gewesen, denn der Monotheismus ist »nicht
im Menschen fest programmiert«, wie der amerikanische Autor Jonathan Kirsch befand. Im Gegenteil:
Wann immer die alte, bunte Götterwelt von einer mo-
nochromatischen Gottheit verdrängt werden sollte,
leisteten die Menschen anhaltend und erbittert Widerstand.

Spekulationen sind zwar meistens müßig. Dennoch
ist es reizvoll, sich vorzustellen, wie die Geschichte
der letzten 2000 Jahre wohl ausgesehen hätte, wenn
Europa und der Nahe Osten nicht Jesus Christus,
Jahwe und Allah verehrt hätten. Ein Zeitalter ewigen
Friedens wäre es nicht geworden, denn Menschen haben einander immer bekriegt und getötet – aus Eitel-
keit, Eifersucht oder Eigennutz.

Aber man kann wohl getrost behaupten, dass niemand im Namen und wegen eines eifersüchtigen, allein herrschenden Gottes gequält, gefoltert, getötet
worden wäre.

Backe, backe Kuchen:
Die Entstehung der Welt

Auf rein persönlicher Ebene interessiert die meisten
Menschen eher die Frage, wie es nach dem Tode wei-
tergeht, und nicht so sehr die Überlegung, was genau
sich zum Zeitpunkt des Urknalls zugetragen hat.
Überhaupt hat die nüchterne Wissenschaft den alten

Mythen über die Entstehung der Welt viel von ihrer prallen Kraft und ihrem Einfallsreichtum geraubt.

Nicht dass sich die jüdisch-christlich-islamische Schöpfungsgeschichte durch besonders blühende Phantasie auszeichnen würde. »Die Erde war wüst und leer, Finsternis lag über der Urflut, und der Geist Gottes schwebte über den Wassern«, heißt es in der Bibel, bevor Gott das Licht anknipst.

Die Kulturgeschichte nennt einen solchen Mythos eine Schöpfung »ex nihilo« – aus dem Nichts, und dies kommt dem gegenwärtigen Stand der wissenschaftlichen Forschungen über die ersten Augenblicke des Universums ja tatsächlich recht nahe.

Nehmen wir Chepra, Ägyptens ersten Schöpfergott. Er hatte wirklich nicht viel, was ihm hätte helfen können, sein Werk zu beginnen, eigentlich nur sich selbst. Aber indem er seinen Namen laut aussprach, entstand eine feste Plattform, auf der er zumindest stehen konnte. Hier kopulierte er, abermals mangels Alternativen, mit seinem eigenen Schatten, und mit seinem Samen sprühten Shu, der Gott der Luft, und Tefnut, die Göttin des Wassers, aus seinem Leib. Die beiden gingen alsgleich daran, auf eher herkömmliche Weise die anderen Götter zu zeugen.

Andere Kulturen aber konnten mit der Vorstellung eines allumfassenden Nichts wenig anfangen und haben sich den Anbeginn der Zeiten sehr viel plastischer, vor allem aber viel lebensnaher ausgemalt: unter anderem mit derart alltäglichen Zutaten wie Schlamm und Sand, Hühnern oder Leichenteilen.

Amma beispielsweise, der von mehreren Völkern im westafrikanischen Mali angebetet wird, begann seine Arbeit mit der Sonne. Er formte sie, indem er einen

Tontopf so lange im Feuer brannte, bis er weißglühend wurde. Dann umschlang er ihn achtmal mit einem festen Kupferband. Der Mond entstand auf die gleiche Weise, nur dass Amma für seine Befestigung Messing verwendete. Erst jetzt wandte sich der Gott der Erdgöttin zu, die er schwängerte – nicht ohne ihr vorher die Klitoris abgeschnitten zu haben. Aus der Verbindung entstand die erste Kreatur. Das war allerdings kein Mensch, sondern ein Schakal. Menschen kamen erst am Schluss, doch dafür wurden sie auf sehr romantische Weise angefertigt: Schwarze Menschen formte Amma aus Sonnenlicht, den weißen Mann aus den silbernen milden Strahlen des Mondes.

Rassistisch gingen übrigens auch die Maya-Gottheiten Hachacyum und Ac Yanto zu Werke: Derweil die erste für die Erschaffung der Mayas zuständig war, schuf die zweite die weißen Einwanderer – einschließlich ihrer Habseligkeiten.

Eine alltäglich zu beobachtende Dorfszene war offensichtlich Vorbild für den Schöpfungsmythos der Yoruba in Nigeria. Hier füllte der Schöpfer als Erstes zwei Schneckenhäuser mit Erde und stopfte diese jeweils in ein Huhn und in eine Taube. Die beiden Vögel rannten los und verstreuten dabei – wie, das sei der Phantasie des Lesers überlassen – die Erde und schufen so das feste Land. Um sich einen Überblick über die Fortschritte von Huhn und Taube zu verschaffen, schickte Gott ein Chamäleon los. Dies riet, ein wenig Sand hinzuzufügen, gefolgt von einer Kokospalme. Als krönenden Abschluss setzte er dann die ersten Menschen aus – eine Gruppe von 16 Männern und Frauen.

Deutlich weniger körperliche Arbeit leistete Narayana, der Schöpfergott des Hinduismus. Er segelte

ganz friedlich auf einem Bananenblatt auf dem Ur-
ozean, dem Milchmeer, dahin, gelassen an seinem Zeh
saugend. So lange trieb er vor sich hin, bis seine Inspiration die Welt geschaffen hatte – ein frühes Beispiel
dafür, wie aus einer virtuellen eine reale Welt werden
kann. Und haben sich Computerspieler nicht auch den
Avatar bei der hinduistischen Mythologie geborgt?

Kleiner Exkurs

Menschen haben zu allen Zeiten versucht, ihre Götter für sich arbeiten zu lassen – im Großen wie im
Kleinen. Ein wahrhaft selbstloser Supermann ist
Maui, ein Gott der neuseeländischen Maori, ein eher
praktischer Kumpel dagegen der irische Gott Dagda.
Maui hatte kein leichtes Leben: Von seiner Mutter als
totgeboren geglaubt ins Meer geworfen, befreite er
sich aus einem Seetang-Gestrüpp und zog bei dieser Gelegenheit gleich Neuseeland vom Meeres-
grund herauf. Dann schnappte er sich die Sonne und
trug ihr auf, langsamer übers Firmament zu ziehen –
denn die Menschen wünschten sich, ein Vorgeschmack auf lange Biergartenabende während der
Sommerzeit, längere Tage. Schließlich besorgte
Maui in der Unterwelt dann noch das Feuer, bevor er
bei dem Versuch starb, unsterblich zu werden. Er
kroch zwar in die Vulva der schlafenden Herrin der
Unterwelt, doch sie erwachte und erdrückte ihn.

Volksnäher – und noch am Leben – ist da der rie-
sige Ire Dagda. Er ist nicht gut in moralischem Sinn,

sondern gut mit den Händen: Wollte ein keltischer Ire ein Boot bauen oder ein Haus, Bier brauen oder Brot backen, dann rief er ihn zu Hilfe. Außerdem verfügte Dagda über einen »Kessel des Überflusses«, aus dem er reichlich abgab – wenn er nicht gerade selbst seinen gesunden Appetit stillte. Bei der gewaltigen Kalksteinfigur bei Cerne Abbas im englischen Dorset soll es sich um eine Darstellung von Dagda handeln.

Blutrünstig ging es sowohl bei den alten Babyloniern als auch auf der Pazifikinsel Vanuatu zu. Vor der Erschaffung der Welt kämpfte der babylonische Hauptgott Marduk in einer kosmischen Schlacht, genannt der Chaosdrachenkampf, mit Tiamat, der Beherrscherin der Ozeane. Er tötete sie, teilte sie fein säuberlich in zwei Hälften und begann aus den Leichenteilen Himmel und Erde zu formen. Dann schon lieber eine Schöpfung aus dem Nichts, vor allem wenn man bedenkt, dass Marduk anschließend den Lehm für den ersten Menschen mit dem geronnenen Blut der niedergemetzelten Göttin anrührte.

Im fernen Pazifik hingegen musste der Vater als Ersatzteillager für die Schaffung der Welt herhalten. Wie es sich für eine Inselkultur gehört, schuf der Gott Naren eine kleine Welt im Inneren einer Muschel, vergleichbar einem Puppenhaus. Aus Sand und Wasser, was man halt am Strand findet, knetete er sich dann einen Sohn. Das hätte er lieber bleiben lassen sollen, denn der Sprössling hatte größere Pläne als der offenkundig doch eher verspielte Vater. Er riss ihm die Augen aus und machte sie zu Sonne und Mond. Aus Fleisch und Knochen entstanden Felsen, Strände und Berge. Als letzten Endes nur noch das Rückgrat des getöteten Gottes übrig geblieben war, machte er daraus das Menschengeschlecht. Wer sich über diese Gruselgeschichte mokiert, möge bedenken, dass eine Notoperation zur Entnahme einer Rippe zwecks Anfertigung einer Partnerin auch nicht besser klingt.

Vorbildhafte Recycler von Leichenteilen waren auch die ersten nordischen Götter Odin, Vé und Vili. Sie ermordeten ebenfalls ihren Vater, den aus Gletschereis und Lavafeuer entstandenen Riesen Ymir. Aus Ymirs Schweiß waren zuvor alle Riesen hervorgegangen, die dann allerdings in seinem Blut ertranken. Unsere Vorfahren hatten, wie man sieht, ein recht enges Verhältnis zu Körperflüssigkeiten. Sorgfältig sezierten Odin und sein Bruder nun den alten Ymir: Aus seinem Blut wurden das Meer und die Flüsse, aus dem Fleisch die Erde. Aus den Knochen errichteten sie die Berge, mit Felsen, die einst Ymirs Zähne waren. Der Schädel wurde zum Himmel, sein Haar zu den Bäumen, und sein Gehirn schwebte von nun an für alle Zeiten als Wolke dahin. Aber woher kamen die Menschen? Man käme nicht sofort auf den Gedanken, aber es waren die Augenbrauen. Sie müssen wohl so buschig gewesen sein, dass aus ihnen die gesamte Welt der Menschen geformt wurde: Midgard oder Mittelerde, wie sie in J. R. R. Tolkiens »Herr der Ringe« heißt.

Das Verhältnis von Eltern und ihren Kindern lässt in der Götterwelt überhaupt meist zu wünschen übrig. Im Vergleich zu der germanischen Göttin Gefjon etwa war Hänsel und Gretels Mutter ein Ausbund von elterlicher Fürsorge. Gefjon verwandelte ihre vier Söhne in gewaltige Ochsen. Sie mussten ein Stück Land pflügen, das sie dann in die Ostsee hinausschleppte und dort verankerte: die heutige Insel Sjælland mit dem Hauptort Kopenhagen. Gefjon war eine Riesin und soll ein dänisches Königsgeschlecht begründet haben. Wer die aktuelle Monarchin, Königin Margarete, mit ihrer Körpergröße von 1,90 m sieht, kann das gut nachvollziehen.

Ein Herzchen von einem Sohn wiederum muss Gish gewesen sein, ein afghanischer Kriegsgott. Es fing schon vor der Geburt an, denn seine Mutter trug ihn achtzehn Monate lang aus, bevor er – in Manier eines Aliens – ihren Bauch aufschlitzte und herausschlüpfte. Immerhin hatte er den Anstand, die Frau Mama mit Nadel und Faden wieder notdürftig zuzunähen. Bei dieser Vorgeschichte überrascht es nicht weiter, dass man zwar Gishs Kriegshandwerk lobt, ihm andererseits aber einen Mangel an Umgangsformen nachsagt. Für seine Mutter fand er letztlich eine praktische Verwendung: Sie musste einen mythischen Walnussbaum aufrichten, der vor seiner stählernen Festung hoch oben in den Bergen stand.

Wer seine Mama tatsächlich abgöttisch liebte, war Huitzilpochtli, der aztekische Sonnengott. Seine Mutter war, hochschwanger mit ihm, von ihren anderen Kindern enthauptet worden, doch Huitzilpochtli sprang gerade noch rechtzeitig aus ihrer Gebärmutter. Praktischerweise war er bereits mit allen Waffen ausgestattet, die er für das nun folgende Blutbad benötigte: Er tötete seine Schwester und schleuderte ihren Kopf in den Himmel, wo er seitdem als Mond seine Bahn zieht. Aus den Häuptern seiner 400 Brüder wurden Sterne. Sie werden die Symbolik, die darin steckt, wahrscheinlich schon bemerkt haben: der Triumph des Lichtes über die Dunkelheit. Leider begnügten sich seine Anhänger jedoch nicht mit Symbolen. Die Azteken opferten Huitzilpochtli ihre Kriegsgefangenen. Nur Blut, so glaubten sie, helfe ihm dabei, jeden Tag aufs Neue die Sonne ans Firmament zu stemmen.

Manche Götter freilich sind geradezu rührend menschlich. Kyumbe etwa aus Tansania in Ostafrika. Geduldig bastelte er alle Tiere zusammen, die Elefanten und Giraffen, die Affen und Krokodile. Doch irgendetwas fehlte. Als er die Beine anschraubte, fiel es ihm auf: Keines der Tiere hatte einen Schwanz. Zum Glück hatte Kyumbe noch ein paar Beine übrig. Aus denen fertigte er die Schwänze.

Und was könnte menschlicher sein als Kumokums, der von den Modoc-Indianern im amerikanischen Bundesstaat Oregon als Weltenschöpfer in Ehren gehalten wird. Wie so viele seiner Kollegen nahm auch er Schlamm als Baumaterial, aus dem er Berge, Täler, Pflanzen, Tiere und Menschen formte. Irgendwann jedoch wurde er schrecklich müde, so müde, dass er sich in ein Loch auf dem Boden eines Sees zurückzog, das er zuvor mit einem Hügel ausgehoben hatte, den er als Schaufel verwendete. Aus diesem Loch ist lautes Schnarchen zu vernehmen. Dort schläft Kumokums noch immer. Und das erklärt, weshalb so vieles in unserer Welt im Argen liegt. Sie ist ganz einfach nie fertig geworden.

Nachwort:
Hauptsache Nebensache

Die Zeit verging im Allgemeinen wie im Fluge, wenn man einen Nachmittag auf dem Speicher verbrachte. Entweder wurde es zu dunkel, als dass man weiter in den Koffern und Kisten stöbern konnte, oder die Mutter rief zum Essen. Sie blickte einen dann meist mit einer Mischung aus Nachdenklichkeit und einem Anflug von schlechtem Gewissen an. Wahrscheinlich überlegte sie, auf welch kompromittierende Informationen der Sohn bei seinen Ausflügen in die familiäre Vergangenheit wohl gestoßen sein könnte. Meist schimpfte sie aber nur über den Dreck, weil man staubig, mit Spinnwegen im Haar und Taubendreck auf dem Pullover vom Dachboden zurückgekommen war.

Wenn Sie mir bis hierher gefolgt sind, dann hoffe ich, dass auch Ihnen die Zeit nicht lang geworden ist. Wenigstens haben Sie sich nicht schmutzig gemacht, sondern konnten dieses Buch gemütlich bei einer Tasse Kaffee im warmen Wohnzimmer lesen.

Es waren in erster Linie wirklich nur Nebensächlichkeiten, die Sie erfahren haben: Splitter, Brösel, Krumen der Weltgeschichte. Aber diese Nebensächlichkeiten sind es oft, die erst den Blick auf die großen Themen der Geschichte eröffnen. Ja, mitunter entpuppen sich die vermeintlichen Lappalien selbst als die eigentlich wichtigen Elemente einer Sache.

Nehmen wir doch den Kaffee, den Sie vielleicht getrunken haben und der den Titel dieses Buches schmückt. Das Wichtigste an ihm ist die Bohne, die, wie wir erfahren haben, einst in der jemenitischen Hafenstadt Mokka verschifft wurde. Alles andere – die Kaffeemaschine etwa, einschließlich des von der lobenswerten Melitta Benz erfundenen Filters – ist im Vergleich zum aromatisch duftenden Rohstoff eigentlich zweitrangig. Nur: Ohne Filter wäre der Kaffee in ihrer Tasse wahrscheinlich ziemlich ungenießbar.

Vermeintliche Nebensachen waren es, welche die Menschheit oft in ihrer Entwicklung vorangebracht haben. Daher ist es nur recht und billig, auf all die stillen Helden aufmerksam zu machen, die ihren Beitrag dazu geleistet haben. Julius Fromm zum Beispiel. Wie? Noch nie von ihm gehört? Und doch hat dieser Mann Millionen von Menschen vor Krankheit, Unglück oder Tod bewahrt – mit nicht mehr als einer kleinen Gummihülle: Der studierte Chemiker entwickelte im Kriegsjahr 1916 ein komfortables Qualitätskondom ohne störend-scheuernde Naht. Sicher, der berühmte Alexander Fleming war mit dem Penicillin ein Segen für die Menschheit. Aber auch Fromms Erfindung wirkt bis heute fort – im Kampf gegen Aids, Geschlechtskrankheiten und Überbevölkerung.

All diese Kleinigkeiten – ob Kondom, Knopf oder Kaffeefilter – beweisen noch etwas anderes: den Einfallsreichtum und die Phantasie der Menschen, ihre Hartnäckigkeit, Widerstandsfähigkeit und ihr Durchhaltevermögen angesichts ziemlich unerfreulicher und harter Lebensbedingungen. Sie bestätigen, was der frühere amerikanische Präsident Bill Clinton einmal in einem nachdenklichen Augenblick in kleiner

Runde gesagt hat: »Ich glaube, dass Menschen im Schnitt eher gut sind als böse und eher klug als dumm.«

Vielleicht sind Sie nach der Lektüre dieser Seiten etwas klüger geworden, oder vielleicht wussten und kannten Sie das meiste schon. Das ist Nebensache. Schön wäre es, wenn Sie sich ab und zu ein wenig amüsiert hätten. Das allein ist die Hauptsache.

Wolfgang Koydl

Bitte ein Brit!

Neue Abenteuer auf der Insel
Originalausgabe

ISBN 978-3-548-28176-6
www.ullstein-buchverlage.de

Seit über einem halben Jahrzehnt lebt Wolfgang Koydl
unter Briten, doch »reif für die Insel« fühlt er sich keines-
wegs. Wie soll er das auch – in einem Land, das Exzen-
triker am Fließband produziert und in dem ein bizarres
Abenteuer das nächste jagt? Ganz zu schweigen vom
Autofahren auf der falschen Seite, den phantasievollen
Preisen und dem phantasielosen Wetter. Wer in England
überleben will, stellt Koydl fest, muss britischen Humor
entwickeln. Besonders dann, wenn man eine russische
Frau, eine pubertierende Tochter und einen singenden
Hund an der Seite hat.

Fisch and Fritz relaoded – die Fortsetzung des
Bestsellers!

»Wer immer vor Koydl England eroberte: die
Römer, die Angeln, die Sachsen oder die Nor-
mannen – keiner tat es mit so viel Laune wie er.«
Süddeutsche Zeitung

ullstein

UB562